基礎から学ぶ機械工学

キカイを学んでものづくり力を鍛える

从零开始学机械

——学习机械技术，培养创新创造能力

science-i

（日）门田和雄（門田和雄）著

李牧 李连进 译

U0387822

化学工业出版社

·北京·

图书在版编目（CIP）数据

从零开始学机械/（日）门田和雄著；李牧，李连进译．—北京：化学工业出版社，2017.1（2024.11重印）
ISBN 978-7-122-27872-2

Ⅰ.①从… Ⅱ.①门…②李…③李… Ⅲ.①机械学-基本知识 Ⅳ.①TH11

中国版本图书馆CIP数据核字（2016）第197548号

北京市版权局著作权合同登记号：01-2013-6674

责任编辑：王　烨　项　潋　　　　文字编辑：陈　喆
责任校对：王素芹　　　　　　　　装帧设计：刘丽华

出版发行：化学工业出版社
　　　　　（北京市东城区青年湖南街13号　邮政编码100011）
印　　刷：北京云浩印刷有限责任公司
装　　订：三河市振勇印装有限公司
850mm×1168mm　1/32　印张6¾　字数164千字
2024年11月北京第1版第11次印刷

购书咨询：010-64518888
售后服务：010-64518899
网　　址：http://www.cip.com.cn
凡购买本书，如有缺损质量问题，本社销售中心负责调换。

定　　价：29.80元　　　　　　　　　版权所有　违者必究

前　言

　　大家一听到机械这个词，会联想到什么呢？汽车、飞机、机器人、电视、手机、洗衣机、吸尘器等。虽然在我们的周围有着各种各样的机械设备，但对于我们来说，只是单纯地购买并使用，因而不会特别地、深入地去了解机械的构造。其中，也会有人查阅说明书，将其性能对比之后再购买。为此，我们需要掌握哪些机械的基础知识好呢？还有，"将来，我要制作机器人与汽车"也是一些孩子们的理想。那么，在小学和中学里学习过机械制造方法的课程吗？

　　现在，我们周围的机械设备，看起来结构非常复杂而且是运动的。因此，普通人即使想学机械工程学，也会感到无从学起。不过，无论运动多么复杂的机械，从组成机械结构的构件来看，也都是由螺栓和齿轮等组合而成。还有，看起来复杂的每个零件其材料都离不开金属和塑料等范围。然后，用什么方法将这些材料加工成零件呢？当然，要深入地理解机械的世界，还需要走漫长的路，不过通过系统地学习这方面的知识和技术，这条路就会变得简单明了。

　　无论什么知识都有基本的学习方法，在小学和初中系统地学习了数学及英语等方面的知识。在中学学习的制造基础的"技术科"课程（日本初中开的一门课程）中，就有机械工程学方面的知识。但是，现在这门课程的课时越来越少，很难系统地掌握这方面的内容。另一方面，为中学生编写的机械工程学入门书和学习指南也是难以见到的，这就造成无法系统地学习这方面的有关内容。因此，这是我们成长过程中的一大缺憾，即使成年后想学习机械工程学，也会因为没有在小学与中学时学习过的记忆，而不知道到底从哪里开始学习。

当然，并不是所有人都想制造机械和从事机械制造方面的工作，也有人认为只有一部分人去学就可以了。但是，正因为机械的世界是深奥的，所以，你不认为不了解我们身边的产品结构是一件非常遗憾的事情吗？还有，我认为，为了对今后出现的服务于社会的机械有正确的判断，学习机械工程学的基础知识，也是我们生活在科技飞速发展的时代所需要的。

与机械工程方面有关的工作，涉及从技术学校毕业进入乡镇街道企业，以及到理工科大学毕业从事研究开发等工作，其范围非常广泛。机械制造的产品也是从单件产品的试制到大批量生产，有各种各样的形式。另外，即使不是直接从事产品制造工作，哪怕是从事相关的销售工作，当销售产品与机械相关联时，了解产品的结构与制造方法等必然会促进工作的展开。

本书面向机械工程学的初学者，介绍机械工程学的基本知识。读者群体包含中学生及成年人，不限于年龄。本书内容的架构并不是机械工程学所涉及知识的罗列。本书系统地总结了多年来我的教学经验和实践中的知识，包括工业职高机械专业与初中技术课中的机械工程学领域的知识，以及通过大学机械工程学科和乡镇街道工厂的实地考察所得到的机械技术的实践知识。那么，本书的宗旨不是让读者片面地了解机械工程学，而是将本书作为开始学习机械工程学基础知识的指南，并得到活用。

本书没有将机械世界的全部内容收罗其中，只是希望这本书作为"走向机械工程学的简易指南书"，为读者带来进入机械世界的乐趣，让读者渴望更加深入地了解机械世界。若能使读者边读边享受，本人将感到荣幸。

门田和雄

CONTENTS

目录

第1章

制造坚固的机械

在制造机械时，最重要的是了解机构的组成，以及作用在机械各部件上的力。在这里，为制造坚固的机械，将要学习材料力学的基础知识。

1.1 何为机械

制造机械时最重要的是什么？你可能会联想到色、形、机构、装潢等各种各样的因素。不过，在此之前，先说明一下机械的定义是什么。

机械就是"利用某种能量、具有运动规律的机构、完成某种有意义的工作的装置"（图1-1）。这样说可能难以理解。为此，简单地进行说明。

首先，利用某种能量。利用能量工作的机械具体实例如下：汽油发动机的运转就是利用汽油燃烧产生的热能；机器人就是利用电能驱动安装在各关节处的电动机转动而运动的；风车或水车的旋转就是利用空气或水的运动能量。综上，机械就是利用某种能量而运动的，如果没有能量，机械是不会运动的。

其次，具有运动规律的机构。在机械内部具有确定的某种运动的机构，确定的某种运动是按照设计者事先设定的进行规律运动的，如果其运动是随意无规则的则不能称其为机构。当我们想设定某种确定的运动时，必须了解由构件组成的机构，以及构件组合形成的相对运动。

最后，完成某种有意义的工作主要是指，通过机构的运动实现抓、举、旋转等物理动作。

在此基础上，让我们再度考虑制造机械时最重要的工作是什么。

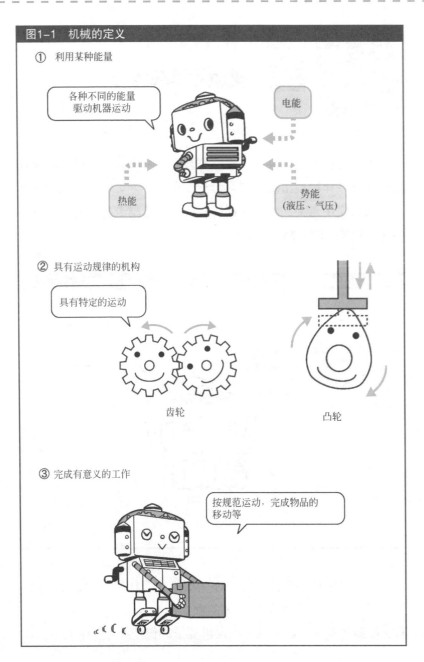

图1-1 机械的定义

① 利用某种能量

各种不同的能量驱动机器运动

电能

热能

势能
(液压、气压)

② 具有运动规律的机构

具有特定的运动

齿轮

凸轮

③ 完成有意义的工作

按规范运动，完成物品的移动等

1.2 机械的承载能力

在制造机械时，最重要的是使其坚固耐用且不易损坏。按设定的运动规律制造出的机械无论多么有用，一运转就立刻损坏就没有任何实用意义。那么，我们要考虑如何制造坚固耐用而不易损坏的机械（图1-2）。

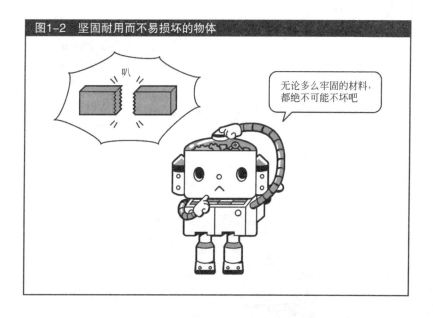

图1-2 坚固耐用而不易损坏的物体

坚固耐用且不易损坏的物体到底是什么样呢？无论是木板、钢铁或者水泥，只要承受过大的载荷就会损坏，例如弯曲、折断、碎裂等破坏。好好想一下，世界上好像没有一件绝对不损坏的物体。

于是，综上考虑，就有了在制造机械时，只要作用在机械上的力不超过其材料失效极限载荷即可的想法。为此，我们必须掌握各种材料所能承受的极限载荷。但是，对于复杂形状的物体，就很难掌握它的受力点和受力特征。在这里如何做才好呢？基本的思考方法之一就是将复杂的事情转化成简单的样本后进行分析，这对学习任何事物都是非常重要的。

现在，我们将机械构件的形状设定为横截面是一定的杆件。无论是机械、还是桥梁和楼房等构造物都可以看成是由杆件组合而成的。仔细观察一下作用在一根杆件的载荷特征（图1-3）。首先，考虑作用在杆件上的拉伸力，或者与之相反的压缩力。剪切犹如用剪刀剪纸那样，在两平行面上分别施加方向相反的作用力使界面发生错动变形。作用于车轴上的扭转力矩会使车轴产生扭转变形，可以认为是剪切力作用点发生错动并连续作用的结果。在对两端支撑的梁中间附近施加载荷，或梁的一端固定而在自由的另一端施加载荷时，载荷的作用会使梁发生弯曲变形。

在此，以施加在杆件材料上的拉伸力为例。假设这个杆件是用黑色金属材料钢铁制成的圆形杆件，给它施加拉力的话，它在外力作用下会表现出怎样的变形和损坏呢？

首先考虑的是在给钢杆施加拉力后，钢杆是否会伸长。也许很难想象钢杆会伸长，但从结论上说，金属具有伸长（延伸）的特性，就同拉伸金属弹簧时产生的现象一样。此时，以施加在材料上的载荷为纵坐标，材料的伸长量为横坐标，作用在材料的载荷与其伸长量的关系如图1-4所示。

由图1-4可见，曲线初期所示为施加在材料上的载荷与伸长量成正比例关系；而后，材料上的载荷与其伸长量之间丧失这种正

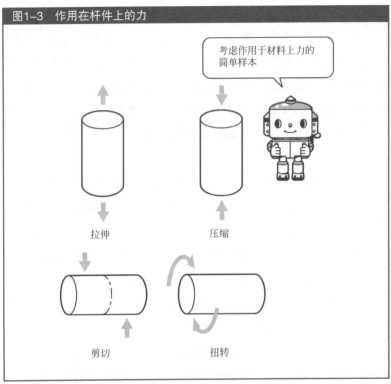

图1-3 作用在杆件上的力

考虑作用于材料上力的简单样本

拉伸 压缩

剪切 扭转

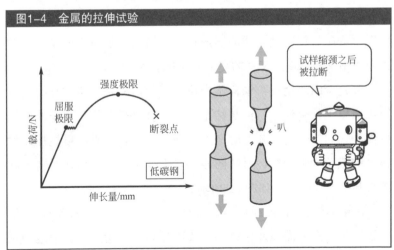

图1-4 金属的拉伸试验

试样缩颈之后被拉断

载荷 N

屈服极限

强度极限

断裂点

低碳钢

伸长量/mm

叭

比例关系，并形成逐渐上升的关系曲线；曲线后期所示载荷与伸长量之间表现为逐渐下降的关系曲线。在这里，承受最大载荷点称为材料的强度极限，最后使材料断开点称为断裂点。还有，本图所介绍的是被称为低碳钢的一般金属材料，它在载荷与伸长量之间丧失正比例关系的附近具有被称为屈服点的显著特征。载荷与伸长量之间的关系会因材料不同而发生变化，所以当选择制造机械的材料时，应特别注意这一关系。

在此，纵轴的载荷是将外加载荷除以试样杆的横截面积，称为应力，其单位常用N/mm^2表示。

应力＝载荷/横截面积　（N/mm^2）

当你被问到"你可以拿起1kg的重物吗？"，大概都会回答说"可以"。但是，被问到"可以用一根针支撑起1kg的重物吗？"，大概就会犹豫不决吧（图1-5）。

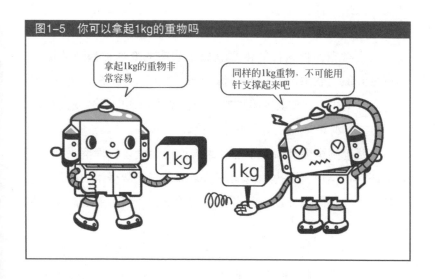

图1-5　你可以拿起1kg的重物吗

这说明，即使同样的载荷，因承受载荷的横截面积不同，承载能力会发生变化。如果只以杆件能承受多大的载荷为指标，则杆件越粗承载能力越强。在同种材料的情况下，杆件截面越大，当然就能承受较大的载荷。但是，支柱的尺寸大了的话，房间就会变得狭窄，如果考虑飞机结构件的轻量化，结构件尺寸越大，相对会越重，这就引发了相互矛盾的问题。为此，在机械设计中，载荷除以载荷的作用面所得出的应力成为了重要的指标。

那么，知道材料能承受的应力后，如何在机械设计中灵活运用好这一关系呢？

简单的想法是只要所需制造的机械各部件所承受的载荷不超过最大极限值即可。但是，这种想法是行不通的。让我们再考虑一下材料承受拉伸载荷的变形，即承受拉伸载荷作用的材料，它是伸长之后断裂，还是几乎不伸长就断裂呢。若以弹簧为例，弹簧承受载荷作用后的变形量几乎与载荷量成比例地增加，金属杆件也会发生同样的现象。如果更加仔细地观察后会发现，若对弹簧施加的载荷超过某一值后，弹簧将无法恢复到原来状态，部分变形将会残留。像这样能恢复到原来状态的变形称为弹性特征，不可恢复原来状态的残留变形称为塑性特征（图1-6）。为此，选用材料时基本上都使其变形控制在弹性范围内，即不会发生断裂，也不会有使材料产生残留变形的载荷。

只要想到机械是由多个部件组合而成，就可以理解为什么必须保证其在弹性范围内。例如，当某部件残留数毫米的变形，将会影响支撑它的部件以及与之相联动的部件，甚至能引起整个机械的损坏。

从前面展示的低碳钢拉伸试验中，我们知道弹性与塑性的分界点在正比例关系丧失的屈服点附近。于是，在实际设计中，一定要使施加给机械各部件的最大载荷都不超过比例极限载荷。

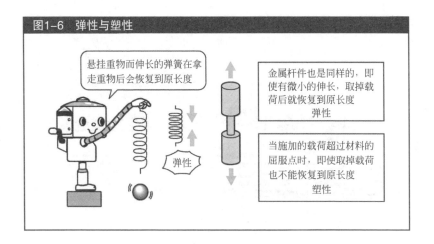

图1-6 弹性与塑性

悬挂重物而伸长的弹簧在拿走重物后会恢复到原长度

弹性

金属杆件也是同样的，即使有微小的伸长，取掉载荷后就恢复到原长度
弹性

当施加的载荷超过材料的屈服点时，即使取掉载荷也不能恢复到原长度
塑性

（1）寻求最优方案

在上述前提下，作为简单的设计实例，当属四条腿椅子的设计方案（图1-7）。在设计椅子时，首先考虑它所承受的最大载荷。一人坐的椅子没必要承受1t的重量，只要承受100kg或200kg就可以。假如将最大载荷设定为100kg，则四条腿中的每只腿只要承受100÷4=25kg即可。其次，要考虑椅子每只腿的横截面多大为好。这时，最大载荷是设定为100kg还是200kg，答案不是唯一的。在同样材料情况下，要想承载能力强，椅子腿就会变粗，通常轻而结实的材料因其价格昂贵，而使成本增加。

由上例可知，即使是确定的椅子腿，也要多方考虑寻找其最优方案。这就是设计，要牢记最优方案并不是找到一个答案即可的简单工作。

在进行强度设计时，为了构件有足够的强度而正常工作，通常的做法是将材料的极限载荷设定为许用载荷乘以安全系数。

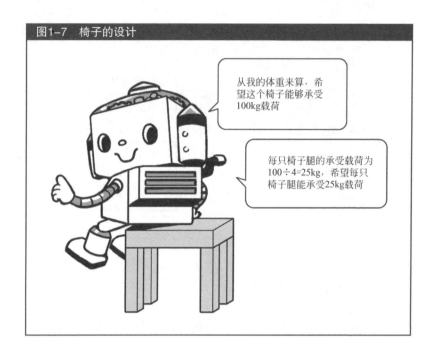

图1-7 椅子的设计

（2）应变的定义

当拉伸金属材料时，金属材料伸长到某一程度后会断裂。将这一伸长的程度定义为应变，表示长度的变化量与原长度的比值。以低碳钢为例，在施加数千千克载荷的情况下，才被伸长数毫米的程度。不过，通过仔细观察拉伸试验的试验片，可以发现试验片从中间部位开始逐渐发生伸长、缩颈之后，发出很大的声音而断裂。

$$应变 = \frac{长度的变化量}{原长度}$$

需要说明的是，设计时施加的载荷一定要低于弹性极限，但并不是所有的材料都具有弹性性质。例如，拉伸粉笔致断裂时，会发生伸长之后断裂吗？虽然不会将粉笔作为机械材料使用，然而作为比金属更耐高温的陶瓷材料是一种烧结物，它具有与茶碗等陶瓷制品相似的性质。无法想象用陶瓷制作的茶碗或水杯等被拉长之后再发生断裂（图1-8）。

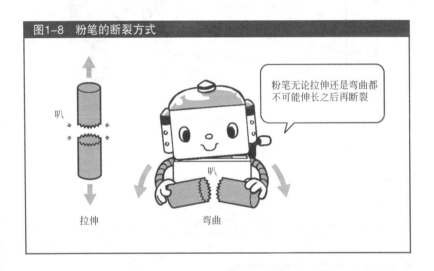

图1-8 粉笔的断裂方式

像这种脆性材料的强度，需要采取与低碳钢的弹性和塑性完全不同的考虑方法。即，施加到材料表面的载荷先使材料表面的某处形成细小的裂痕，当施加的载荷超过某一数值时，会立即发生断裂。

（3）应力集中

应力集中的例子，是对有切口的某种材料上施加作用力（图1-9）。这时发现，损坏是从切口部位开始的。像这样的部件表面有切口、裂纹或小孔存在时，应力就会集中在切口、裂纹或小孔的附近。

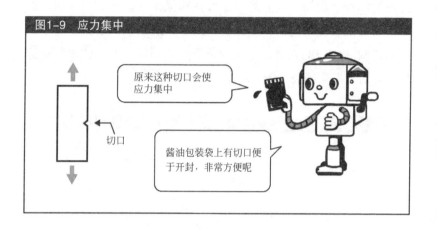

图1-9　应力集中

原来这种切口会使应力集中

切口

酱油包装袋上有切口便于开封，非常方便呢

这种现象被称为应力集中。在设计时，当然不能使用这种有缺陷的材料，设计部件的形状时要尽可能地圆滑、没有急剧的凸凹。

在开头说过重要的是"制造坚固耐用而不易损坏的产品"。如

图1-10　破损与损坏

破损与破坏是不同的概念

同前面的阐述那样，基于材料强度的分析方法，材料失去其性能称为破损，但此时的材料不一定会断裂。相比之下，材料分裂成两个以上时，就称为损坏。在今后学习材料的强度时，请牢记这两种不同的重要概念（图1-10）。

其次，用适当的支撑方式固定的细长杆件受到垂直载荷

作用时，分析它的应力和弯曲变形。承受这种力的杆件称为梁。我们将一端固定而另一端自由的梁称为悬臂梁，两端都被支撑的梁称为简支梁（图1-11）。

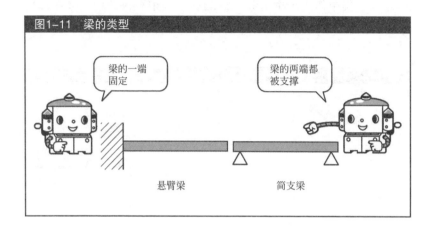

图1-11　梁的类型

当梁受到外部载荷作用时，由于反作用，梁会产生剪切力和弯矩，其正负方向的确定如图1-12所示，左侧界面向上与右侧界

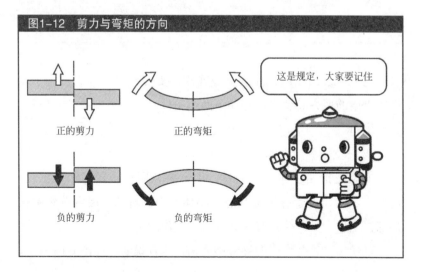

图1-12　剪力与弯矩的方向

面向下的相对错动产生的剪力为正，反之为负；弯曲变形凹向上的弯矩为正，反之为负。

还有，基于作用于梁上的载荷分布状态有集中载荷与均布载荷之分。集中作用于梁上某一点的称为集中载荷，均匀分布作用于梁上的称为均布载荷（图1-13）。

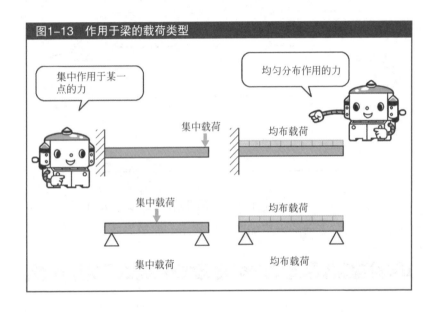

图1-13　作用于梁的载荷类型

对梁施加载荷时，作为其反作用，支点会产生反力。为了求作用于梁的剪力和弯矩，有如下两个条件。

① 作用力与反作用力之和为0。

② 任意横截面上的力矩之和为0。

力矩是指使物体转动的量，用力乘以回转半径即得。不过，这里表示的力处于静平衡状态，物体并不会转动，但可以想象在某部位施加力后，就会有使其旋转的力作用。

以受集中载荷作用的悬臂梁为例，进行说明。如图1-14所示，在长为L的悬臂梁的自由端部施加载荷W，求梁的剪力和弯矩。

图1-14 承受集中载荷的悬臂梁

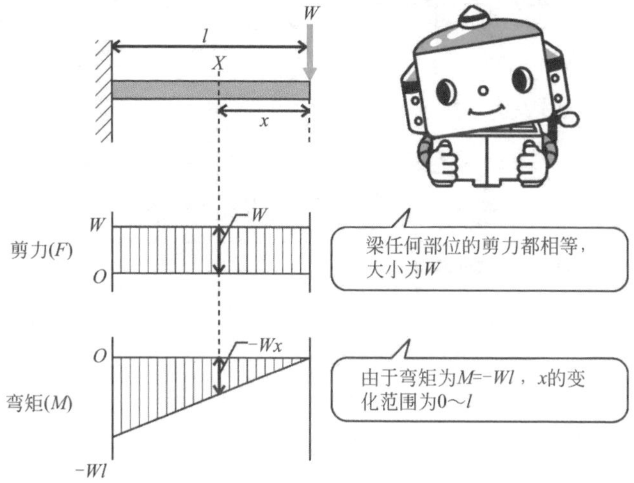

因载荷W作用于梁的整个横截面，所以剪力在整个梁上为固定值。

其次，弯矩是由载荷乘以距离求出的，在施加集中载荷的自由端的距离为0，越靠近固定端距离越大。为此，如果考虑各横截面的弯矩方向，弯矩用下式表示：

$$M=-Wl$$

由上式可知，弯矩的最大值在梁的固定端。

另外，我们分析一下材料横截面形状对承受载荷的影响。由于材料的形状不能用线和点表达出，所以必须分析材料的横截面形状。无论是承受拉伸载荷的杆件，还是承受弯曲载荷的梁，它们的横截面一定有圆形、正方形、长方形、环状等形状

（图1-15）。

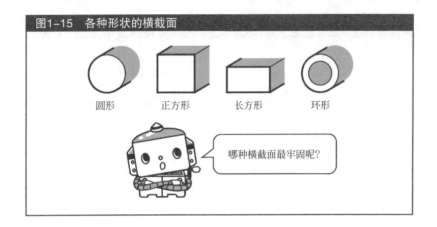

图1-15　各种形状的横截面

圆形　　　正方形　　　长方形　　　环形

哪种横截面最牢固呢？

　　那么，横截面的形状与强度之间存在什么关系呢？例如，横截面为长方形的梁，比较一下载荷作用于纵向与横向时，哪种能承受更大的载荷（图1-16）？

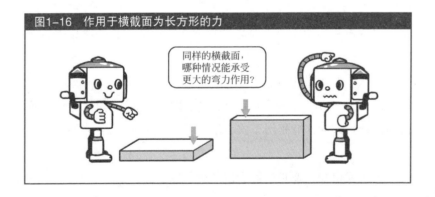

图1-16　作用于横截面为长方形的力

同样的横截面，哪种情况能承受更大的弯力作用？

　　采用规定的方法做实验，立刻就会明白横截面为长方形的梁，其载荷作用于纵向时，所承受弯曲载荷的能力强。这个关系取决于抗弯截面系数，而抗弯截面系数是由横截面形状和尺寸确定的

（图1-17）。

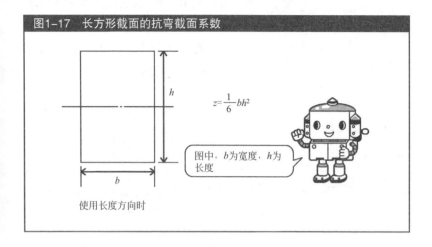

图1-17 长方形截面的抗弯截面系数

$z=\dfrac{1}{6}bh^2$

图中，b为宽度，h为长度

使用长度方向时

就是说，横截面为四边形的抗弯截面系数与宽度成正比、与高度的平方成正比。所以，如果横截面形状相同的话，高度越大抗弯截面系数的值也就越大。

抗弯截面系数的计算如下。

设 b=20mm、h=30mm。

载荷作用于纵向时的抗弯截面系数为：

$$W_Z = \frac{1}{6}bh^2 = \frac{1}{6} \times 20 \times 30^2 = 3000\,(\text{mm}^3)$$

载荷作用于横向时的抗弯截面系数为：

$$W_Z = \frac{1}{6}hb^2 = \frac{1}{6} \times 30 \times 20^2 = 2000\,(\text{mm}^3)$$

由计算可知，因为载荷作用于纵向时的抗弯截面系数大，所以抗弯曲能力强（图1-18）。

从减轻结构本身的重量方面考虑，能够想象得到，使用中空的

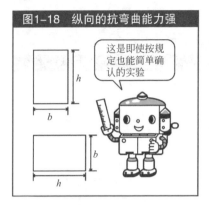

图1-18　纵向的抗弯曲能力强

这是即使按规定也能简单确认的实验

环状梁比使用实心梁更能发挥作用。这时，通过计算可以求出强度如何变化，环状梁的横截面面积虽然减少，但可以保证强度指标。

（4）复合材料

在许多金属材料的选用中，基于上述分析能够求出承受拉伸载荷或弯曲载荷作用时的力。虽然压缩载荷与拉伸载荷是相反的力，但在钢筋混凝土材料中，通过抗拉伸性能好的铁系材料和抗压缩性能好的水泥的配比组合，制造了抗拉伸性能和抗压缩性能都良好的材料，这样的材料称为复合材料。以塑料、陶瓷

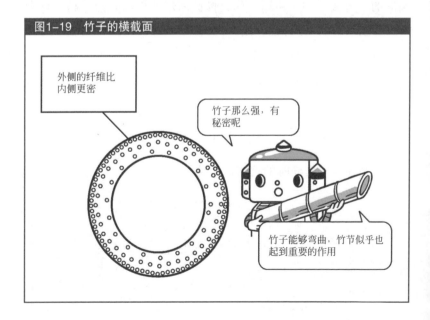

图1-19　竹子的横截面

外侧的纤维比内侧更密

竹子那么强，有秘密呢

竹子能够弯曲，竹节似乎也起到重要的作用

等为例，可以将多种材料的特性活用，组合形成性能更好的材料。在材料的开发中，有一种观点是与上述的例子相同的，基于优化结构的方法在材料的形状上下工夫。

　　作为自然界中存在的复合材料的例子，当属竹子（图1-19）。观察竹子的横截面可以发现，对于弯曲变形的作用力较大的外侧有很多的并列纤维，而内侧的纤维比较少。另外，竹子的截面是环状的，到处有竹节防止横截面被压溃。近年来，开发研究的倾斜功能材料是通过使材料的表面到内部的成分组织、显微结构呈现倾斜分布，使其具有原有分散性结构所没有的性能，不过拥有这种性能的植物在自然界早已存在。

1.3 材料的硬度

下面，从硬度的视角分析材料的强度。通常在日常生活中常会说"硬"或"软"这一类话，那么该如何判断物体的软或硬呢？例如，我想没有人会认为豆腐是硬的，也没人认为铁是软的。在此，将多种类的金属板材摆放在你的面前，要求判断哪个最硬时，你该如何做呢（图1-20）？

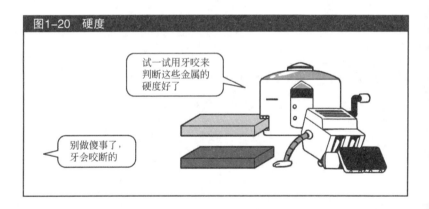

图1-20 硬度

首先，将不同的材料用同样方式摩擦，摩擦后有损伤的就是软的。也许还有人要用牙齿咬来判断，我想用牙齿来咬铁是不会留下齿印的，若是留下齿印就能说明牙齿比铁硬了。还有，从某一高度向材料坠落物体，通过测量物体的反弹回跳量来判断其软硬程度（图1-21），即可以认为反弹量高的材料硬，不易反弹的材料软。

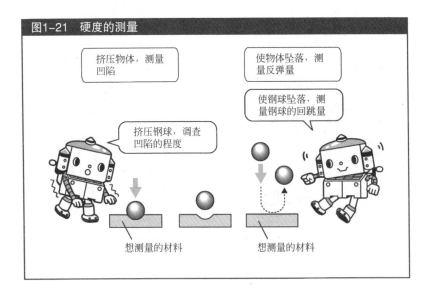

图1-21 硬度的测量

挤压物体，测量凹陷

使物体坠落，测量反弹量

使钢球坠落，测量钢球的回跳量

挤压钢球，调查凹陷的程度

想测量的材料

想测量的材料

不可思议的是，材料的硬度没有具体的物理定义，即无法通过质量（kg）及长度（m）的关系定义硬度。因此，硬度与多种物理性质相关，根据测量方法有不同的硬度指标。为了评价硬度，有数种硬度试验仪器（图1-22）。

维氏硬度试验是将方锥形金刚石作为压入器，压入材料表面形成压痕，根据测量压痕对角线长度测量来分析硬度，用符号HV表示。根据测量压痕的大小来测量硬度的试验，还有布氏硬度试验（符号为HB）、洛式硬度试验（符号为HR）。测量反弹量的有肖氏硬度试验。

说起来，世界上最硬的材料是什么呢？答案是金刚石。为此，金刚石不仅可以作为装饰品，也作为切削工具或研磨工具等在工业上广泛使用。那么，最硬的金刚石是如何切割的？是使用其他的金刚石。就是说切割与被切割的关系是相对的，用于切割的材料也是一边发生一定程度的变形，一边推进加工的。

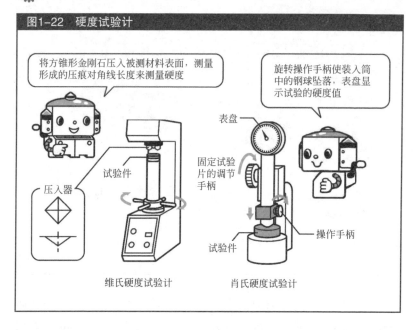

图1-22　硬度试验计

将方锥形金刚石压入被测材料表面，测量形成的压痕对角线长度来测量硬度

旋转操作手柄使装入筒中的钢球坠落，表盘显示试验的硬度值

表盘

固定试验片的调节手柄

压入器

试验件

操作手柄

试验件

维氏硬度试验计

肖氏硬度试验计

1.4 材料的冲击强度

在拉伸试验中有时缓慢地对材料施加载荷，有时也会瞬间施加强烈的冲击力。这种瞬间施加强烈冲击力的试验就是冲击试验，其典型的代表是夏氏冲击试验（图1-23）。在夏氏冲击试验中，用从一定高度回转落下的摆锤击打有切口的夏氏冲击试验片，通过测量摆锤的回转角度计算冲击值。一般硬的材料都有脆性，即超过材料的硬度极限就会碎裂，材料越硬就越没有韧性。

材料的硬度与韧性多是相反的，这种结果也可以从冲击试验结果中看到。

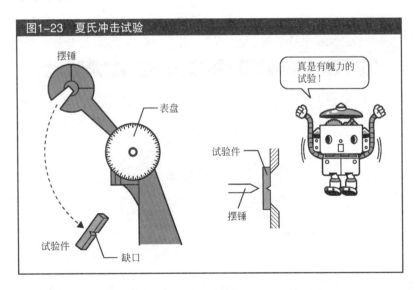

图1-23 夏氏冲击试验

若要更深入地学习这个领域的知识，可以学习材料力学方面的知识。

✕ 机械专栏　金属的疲劳

　　如同每天繁忙工作的人会疲惫一样，金属也会疲劳。我们已经学习过了给金属施加的载荷一超过拉伸强度的应力，金属就会断裂。不过，即使施加的载荷低于拉伸强度的应力，反复施加的话，也会使金属断裂。

　　这种现象称为金属的疲劳。

　　例如，金属饮料罐上的拉环，缓慢地反复拉动拉环的话，拉环就会折断（图1-24）。大家可以试着做一下试验。

　　可以想象的是，由于火车或汽车的车轮的旋转或车体振动等常会在车轴上施加循环的应力。另外，在飞机的机舱内，为使乘客舒适，需要调整机舱内的压力，这使机舱内外有了压力差，以致机体膨胀。就是说，作为飞机机体材料的铝合金因压力变动而被施加了循环的拉伸力。这也是飞机起降时发生的现象，必须强调其防范疲劳的措施。

图1-24　金属疲劳的实例

反复拉动拉环，就会折断，这就是疲劳！

第2章

机械运动机构

　　驱动机械运转时，最重要的是了解使机械产生运动的结构、螺纹以及齿轮等常用的机械零件。在这一章中，将学习使机械灵活运动的机械力学和机械零件等基础知识。

2.1 机械运动

如果想要设计能够完成某种工作的机械，首先需要分析的是制造出来的机械必须完成哪些运动。

虽然实际中的机械能完成诸多复杂的动作，但是最初进行方案设想时应尽可能使用简单的机构（基本机构）。从机械运动的种类来说，最容易理解的是直线运动，其次是旋转运动（图2-1）。通过将这些简单运动组合，就可以产生复杂的曲线运动。

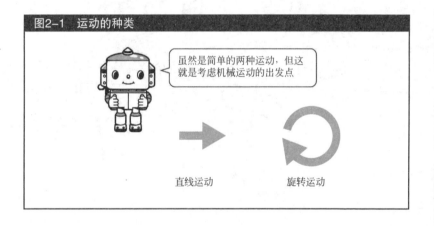

图2-1 运动的种类

虽然是简单的两种运动，但这就是考虑机械运动的出发点

直线运动　　　　旋转运动

其次，构成机械要素的运动副确定了两个构件的某种相对运动，机构是通过多种运动副组合而成的。承受旋转并起支撑作用的滑动轴承上有轴向移动的移动副、沿周向旋转的转动副以及移动副和转动副合成的螺旋副（图2-2）。

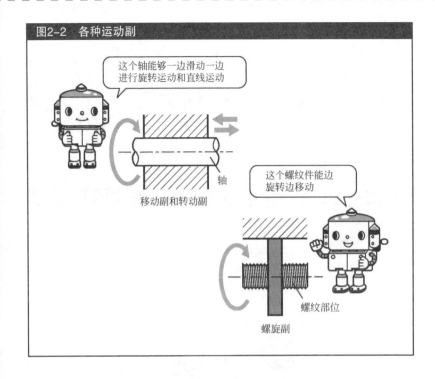

图2-2 各种运动副

这个轴能够一边滑动一边进行旋转运动和直线运动

轴

移动副和转动副

这个螺纹件能边旋转边移动

螺纹部位

螺旋副

还有，组成机械的机构一定有按给定运动规律运动的原动件和进行运动转换及传递的从动件（图2-3）。

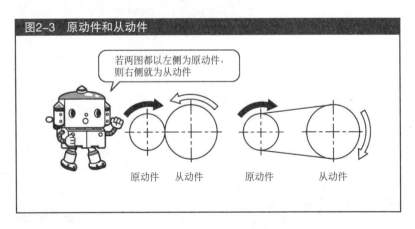

图2-3 原动件和从动件

若两图都以左侧为原动件，则右侧就为从动件

原动件　从动件　　原动件　　从动件

在实际运行的机械中，不仅要分析运动类型，还必须要考虑运动的快慢。也就是说，要分析1s内运动了多少米，1min内旋转了多少圈等。

如举汽车运动的例子，发动机在1min内进行了几千圈的旋转运动，为了将其运动传递给轮胎，利用了多种不同的机构进行运动转换，最终作为轮胎的旋转运动输出（图2-4）。

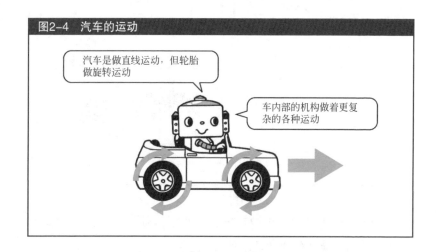

图2-4　汽车的运动

2.2 机械机构

为了实现机械运动的传递与变换所必需的就是各种机构。即使是让机器实现搬运物品这一动作，搬运的路线也是多种多样的。例如，将旋转运动变换为往复运动的机构是什么样的机构呢？

（1）曲柄滑块机构

将旋转运动变换为往复运动的典型装置是曲柄滑块机构（图2-5）。它是将施加给曲柄构件的旋转运动变换成活塞构件的往复运动的机构。这个机构被应用于以汽油发动机为主的各种机械中。

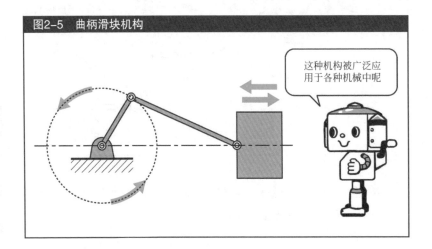

图2-5　曲柄滑块机构

这种机构被广泛应用于各种机械中呢

（2）连杆机构

连杆机构是由被称为构件的细长杆件通过组合连接构成传递运动的机构（图2-6、图2-7）。连杆机构通常是由四根连杆构件组合而成。四杆机构中，其中必有一根固定的连杆、一根作为原动件使机构运动的连杆，其余连杆的运动则可以根据几何学来求解。

但是，当连杆数量为五根及以上时，将无法确定各个连杆的运动。还有，当连杆数量为三根时，因连杆的各连接点被固定住，机构将无法运动。

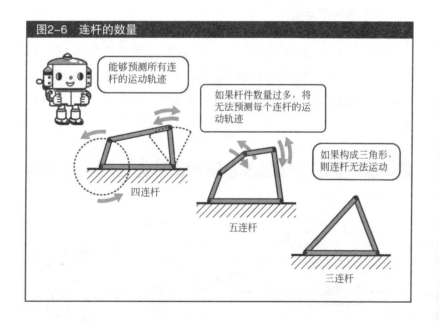

图2-6 连杆的数量

能够预测所有连杆的运动轨迹

如果杆件数量过多，将无法预测每个连杆的运动轨迹

如果构成三角形，则连杆无法运动

四连杆

五连杆

三连杆

按照几何学方法设计组合在一起的各连杆的长度，就能将旋转运动转换成往复运动或摇摆运动。

图2-7　各种连杆机构

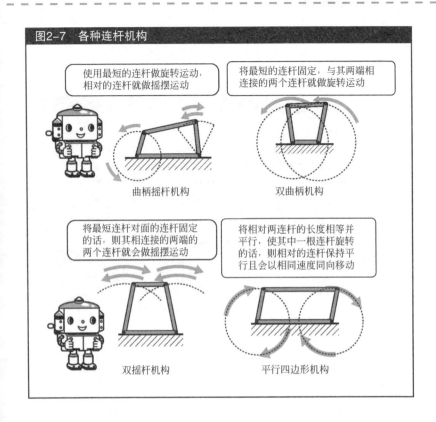

使用最短的连杆做旋转运动，相对的连杆就做摇摆运动

曲柄摇杆机构

将最短的连杆固定，与其两端相连接的两个连杆就做旋转运动

双曲柄机构

将最短连杆对面的连杆固定的话，则其相连接的两端的两个连杆就会做摇摆运动

双摇杆机构

将相对两连杆的长度相等并平行，使其中一根连杆旋转的话，则相对的连杆保持平行且会以相同速度同向移动

平行四边形机构

（3）凸轮机构

除了连杆机构以外，能将旋转运动转换为往复运动的机构还有凸轮机构（图2-8）。这是将具有圆形或椭圆形的曲线轮廓的凸轮作为原动件，使与凸轮相接触的杆件作为从动件来传递运动的机构。若凸轮是在平面内运动即为平面凸轮，若在立体空间的凸轮上开设凹槽曲线使从动件做复杂运动的即称为空间凸轮。

为了使对应凸轮旋转运动的从动件的运动规律符合要求，需要制作以凸轮旋转角为横轴、以从动件的位移为纵轴的凸轮运动

曲线图。完成凸轮运动曲线（图2-9）后，基于此图决定凸轮的轮
廓形状。

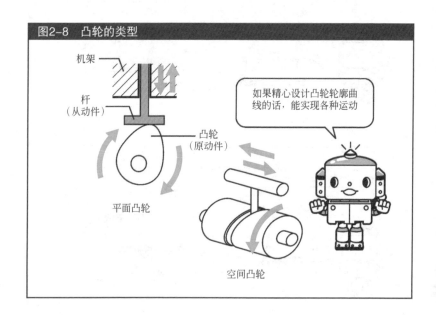

图2-8　凸轮的类型

机架

杆
（从动件）

凸轮
（原动件）

平面凸轮

如果精心设计凸轮轮廓曲
线的话，能实现各种运动

空间凸轮

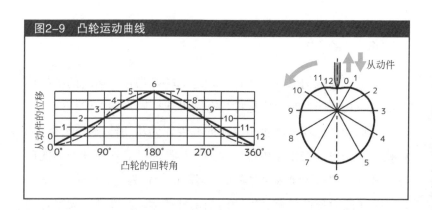

图2-9　凸轮运动曲线

从动件的位移

凸轮的回转角

从动件

2.3 机械零件

连杆机构与凸轮机构都是机械设计者按照自己意愿采用材料加工制造出来的。不过，在机械所使用的零件中，也有设计者不能任意自行决定形状的标准件。例如，螺纹牙的角度与齿轮的形状等就不能由设计者任意确定（图2-10）。从大量生产的互换性方面考虑，这些产品的形状已经由日本工业标准（JIS）或国际标准化机构（ISO）等做出硬性规定。

图2-10 互换性

如果不制定好螺纹牙的角度及齿轮形状的标准，肯定会有麻烦

例如，如果各工厂制造的螺纹牙的角度或齿轮的形状各不相同，采购这些零件进行组装时，就会有困难。还有，在制造某些产品时，若是从螺钉或齿轮开始做起，花费的时间就过长。所以，大部分机械设备中常用的零件都制定有特定的标准，常用零件成为标准件后设计与使用就非常方便了。

机械设备中常用的典型零件有螺钉、齿轮、带、链条、轴、轴承、联轴器等。在机械设计时，必须了解这些标准件的种类与使用方法，以提高选择最适当的常用零件的能力。

（1）螺纹

首先介绍的常用零件是螺纹。螺纹理所当然的是在我们身边的所有产品中用得最多的标准件，在连接或与运动的相关机械设计中，螺纹是不可或缺的零件。但是，由于螺纹的种类与所使用材料的多样性，所以，螺纹的选择与判断就变得困难起来。在机械制造时，若有一颗螺钉选择错误，在后期设计或使用过程中就会引发问题。还有，本以为已经牢固连接的螺钉在使用过程中出现了松扣或强度不足，从而损坏机器。由于一颗螺钉出现破损而引发大型机械设备毁坏的重大事故并不少见。因此，螺纹的选用和使用必须做到量材适用。

螺纹大致分为外螺纹和内螺纹，表示螺纹牙的角度或相邻螺纹牙之间距离的螺距、内径、外径等都已经由标准规定（图2-11）。

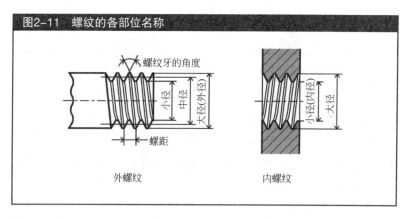

图2-11 螺纹的各部位名称

螺纹受到重用的理由之一就是较小的拧紧力可以获得巨大的连接力。如将直角三角形的纸片卷成圆柱形，直角三角形的斜边所构成的曲线就可以看做是螺纹。就是说，拧紧螺纹相当于沿着斜面提升重物，所以用较小的力可获得巨大的力（图2-12）。

图2-12 螺纹是斜面的应用

使用斜面比垂直提升物体要省很多力气

螺纹按其牙型角可分为三角螺纹、梯形螺纹或圆形螺纹等各种类型，通常使用的螺纹是牙型角度为60°的三角螺纹，在JIS标准中规定了公制粗牙螺纹和公制细牙螺纹（图2-13）。表示公制的符号是M，如M3就是指外径为3mm的公制螺纹。

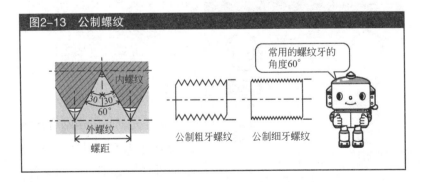

图2-13 公制螺纹

内螺纹
30° 30°
60°
外螺纹
螺距
公制粗牙螺纹 公制细牙螺纹

常用的螺纹牙的角度60°

外螺纹的直径在8mm以下的螺钉通常称为小螺钉。选择小螺钉时，不仅要考虑小螺钉的直径和长度尺寸，还需要考虑小螺钉头部形状的差异。

使用最多的小螺钉是头部略微发圆的平圆头螺钉；还有螺钉头部的上表面为平面且整个螺钉头部为圆锥形的沉头螺钉，用于不使螺钉头部外露的情况；还有螺钉头部的上表面略微发圆的半沉头螺钉（图2-14）。

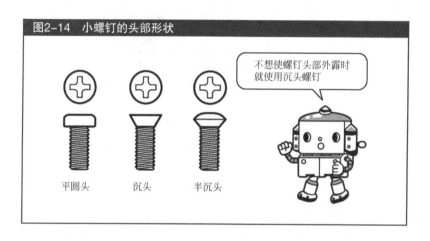

图2-14　小螺钉的头部形状

不想使螺钉头部外露时就使用沉头螺钉

平圆头　　沉头　　半沉头

通常与螺母一起使用的螺纹称为螺栓。螺栓的主要代表是六角螺栓，还有在圆柱的头部带有六角形的孔、具有较强拧紧力的内六角螺栓（图2-15）。

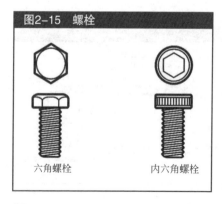

图2-15　螺栓

六角螺栓　　内六角螺栓

（2）齿轮

齿轮是通过轮齿啮合传递回转运动的，它与螺纹同样是机械设计中必不可少的零件。

而且，齿轮也与螺纹一样分为各种不同的类型，设计高速重载齿轮时其强度计算是必须进行的。

齿轮的尺寸用齿顶圆直径、齿根圆直径、齿厚及齿宽等表示（图2-16）。齿轮与齿轮相互啮合的点称为啮合点，这个点的运动轨迹称为啮合圆。其次，在分度圆的圆周上，一个轮齿两侧齿廓间的弧长称为该轮齿的齿厚，在齿轮的一个齿槽内其两侧齿线的弧长称为该轮齿的齿槽宽。还有，齿厚与齿槽宽之间的差距，也就是说啮合传动的轮齿反转时的游隙称为齿间隙，为了使齿轮平稳啮合必须要有适度的齿间隙。

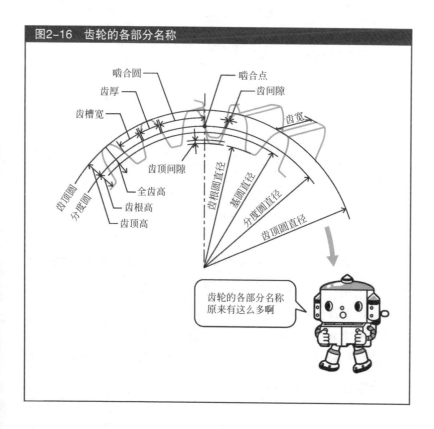

图2-16　齿轮的各部分名称

虽然齿轮与齿轮的分度圆的尺寸不同，但只要齿形相同，就能进行啮合传动。表示齿形相同与否用的是将分度圆直径 d（mm）除以齿数 z（枚）所得到的值，就是模数（图2-17）。模数（m）与分度圆直径和齿数有 $m=d/z$ 的关系。例如，分度圆的直径为50mm，齿数为25的齿轮模数为 $m=50/25=2$。

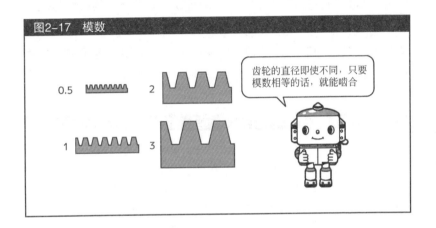

图2-17 模数

齿轮有直齿圆柱齿轮、斜齿圆柱齿轮、齿条及圆锥齿轮等类型（图2-18）。在各种齿轮类型中，常用的是齿向与轴平行的直齿圆柱齿轮，作为动力传递，直齿圆柱齿轮的应用是最多的。为了抑制直齿圆柱齿轮啮合时产生的振动或噪声，有齿向相对于齿轮的轴线倾斜了一个角度的斜齿圆柱齿轮，但斜齿圆柱齿轮有产生轴向作用力的缺点。还有，将直齿圆柱齿轮在平面上展开就称为齿条，通过齿条与较小的直齿圆柱齿轮的啮合传动，能够实现旋转运动和直线运动的变换。相交两轴间传动使用的齿轮称为圆锥齿轮，圆锥齿轮有齿为直线的直齿圆锥齿轮以及齿为斜线的斜齿圆锥齿轮。

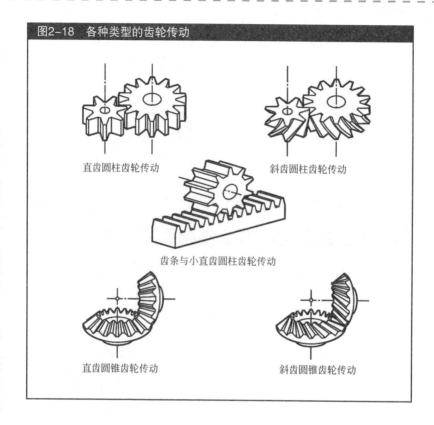

图2-18　各种类型的齿轮传动

直齿圆柱齿轮传动　　　　斜齿圆柱齿轮传动

齿条与小直齿圆柱齿轮传动

直齿圆锥齿轮传动　　　　斜齿圆锥齿轮传动

　　为了使齿轮的啮合平稳，需要对轮齿的形状进行更深入的研究，目前在JIS标准中，采用加工方法简单、生产效率高的渐开线（图2-19）来研究标准轮齿的啮合传动。

　　将直径尺寸不同的齿轮组合进行啮合，能够改变传递的旋转速度。设传递运动的主动齿轮与被传递运动的从动齿轮的旋转速度分别为 n_1 和 n_2、齿数分别为 z_1 和 z_2、分度圆直径分别为 d_1 和 d_2、使用模数就能推导出下式所示的传递速度比 i 的计算式（图2-20）。

$$i = \frac{n_1}{n_2} = \frac{d_2}{d_1} = \frac{mz_2}{mz_1} = \frac{z_2}{z_1}$$

图2-19　渐开线

这就是渐开线！

齿形

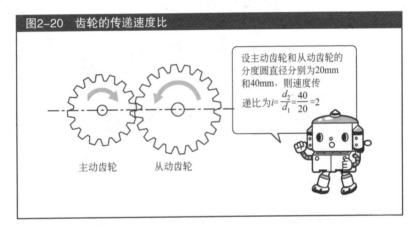

图2-20　齿轮的传递速度比

设主动齿轮和从动齿轮的分度圆直径分别为20mm和40mm，则速度传递比为$i=\dfrac{d_2}{d_1}=\dfrac{40}{20}=2$

主动齿轮　　从动齿轮

即使啮合齿轮的数量增加，这一关系的计算式也成立（n_3为第三个从动齿轮的旋转速度，z_3为第三个从动齿轮的齿数）。

$$i=\frac{n_1}{n_3}=\frac{n_1}{n_2}\times\frac{n_2}{n_3}=\frac{z_2}{z_1}\times\frac{z_3}{z_2}=\frac{z_3}{z_1}$$

这就是说，齿轮传递的速度比是由主动齿轮和从动齿轮的齿数比决定的，而与中间存在的齿轮数量无关。

另外，两齿轮轴的中心距离a可用下式表示。

$$a=\frac{d_1+d_2}{2}=\frac{m(z_1+z_2)}{2}$$

问题

现有传递运动的速度比为4，模数为2，中心距为80mm的一对啮合齿轮，求各齿轮的齿数。

解答

由中心距$a = \dfrac{m(z_1 + z_2)}{2}$，代入中心距数值，得到$80 = \dfrac{2(z_1 + z_2)}{2}$

可得$z_1 + z_2 = 80$ ①

由传递速度比$i = \dfrac{z_2}{z_1}$，代入速度比数值，得到$4 = \dfrac{z_2}{z_1}$

可得$z_2 = 4z_1$ ②

将式②代入式①，得到$z_1 + 4z_1 = 80$ ③

求解式③，可得$z_1 = 16$

将$z_1 = 16$代入式②，可得$z_2 = 4z_1 = 4 \times 16 = 64$

【答】主动齿轮齿数为$z_1 = 16$，从动齿轮齿数为$z_1 = 64$。

（3）带和链

当两轴间的距离较大时，采用数枚齿轮串联传递是不可行的。这时，就需要采用带或链等柔性传动装置。

带传动是一种依靠带与带轮之间的摩擦力来传递动力或输送物品的。带传动的类型主要有采用橡胶材料制造的平带、能传递比平带更大动力的V带、在平带内侧带有齿能精确传递动力的齿形带等（图2-21）。

链是利用链与链轮的轮齿啮合来传递动力的。不过，由于金属制造的链在运动时容易产生振动和噪声，所以，链不太适用高速传动。具有代表性的滚动链是外链接与内链接交替组合进行，由板和销钉连接而构成的（图2-22）。

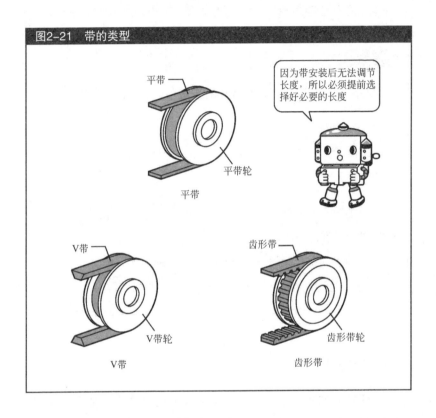

图2-21　带的类型

平带

因为带安装后无法调节长度，所以必须提前选择好必要的长度

平带轮

平带

V带

V带轮

V带

齿形带

齿形带轮

齿形带

　　相对于橡胶带无法在使用过程中调节带长，链条长度取决于链的节数，能够用链的节数适当调节链条的长度。

　　带传动和链传动都与齿轮传动相同，能够求出传递的速度比。因为带传动容易发生打滑现象，所以需要在带与带轮间作用有张紧力促进摩擦力的产生。带轮的上面为松边，下面为紧边。另外，链条传动中的紧边在链轮的上面，松边在链轮的下面，目的是使链轮上面的链条难以脱离链轮。

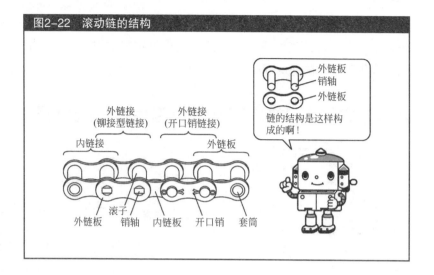

图2-22 滚动链的结构

外链接
(铆接型链接)
外链接
(开口销链接)
内链接
外链板
外链板
滚子 销轴 内链板 开口销 套筒

外链板
销轴
外链板
链的结构是这样构成的啊!

（4）轴

为了使齿轮、带轮及链轮做旋转运动，其旋转中心必须要使用轴。轴分为传递动力的传动轴、支撑车体等的车轴和将旋转运动转换成直线运动的曲轴等（图2-23）。

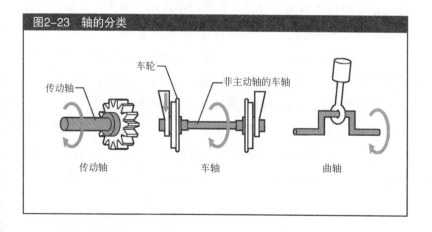

图2-23 轴的分类

传动轴
车轮
非主动轴的车轴
传动轴 车轴 曲轴

作用在轴上的作用力被分为弯曲力和扭转力等类型，因此，必须进行与之对应的强度设计。其次，在齿轮与轴固定中，使用销或键等固定，就能够准确地传递回转运动（图2-24）。

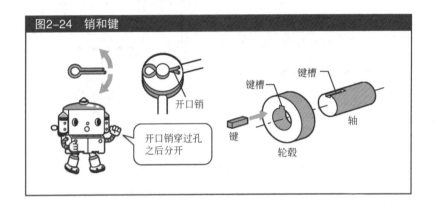

图2-24　销和键

开口销

开口销穿过孔之后分开

键槽

键槽

轴

键

轮毂

（5）联轴器

联轴器用来将两个不同旋转部件的轴与轴连接成一体，使之共同旋转以传递转矩和运动。如果联轴器连接的两轴不能成为一体而出现连接不到位的现象，就会产生振动或噪声等。所以，联轴器的连接要求能保证两轴具有较高的同轴度。

当两轴的同轴度一致时，可以使用固定式联轴器。典型的固定式联轴器是法兰联轴器（图2-25），它是利用数个螺栓连接两个半联轴器的法兰，以实现两轴的连接来传递转矩和运动。

在被连接两轴的同轴度不易保证的场合，可选用挠性联轴器（图2-26），通过结合部的弹性元件也能缓和旋转运动的冲击。挠性联轴器有凸缘挠性联轴器、滑块联轴器以及波纹式联轴器等类型。

图2-25 法兰联轴器

虽然不是很重要的部件，但没有联轴器就无法传递回转运动

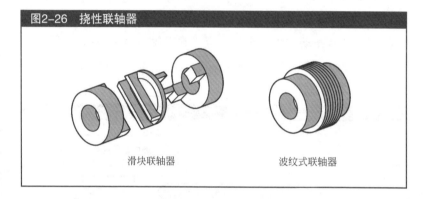

图2-26 挠性联轴器

滑块联轴器　　　　　　　　　　波纹式联轴器

（6）轴承

轴承用于支撑旋转的轴，并保证轴的回转精度，轴承分为滚动轴承和滑动轴承两类。滚动轴承是利用被称为滚子或滚柱的多数滚动体的滚动摩擦的，由于摩擦因数小，它具有摩擦造成的动力损失小、润滑简单、维护保养方便及产品规格丰富等特点。滚动轴承的典型产品是深沟球轴承，其具体结构如图2-27所示。

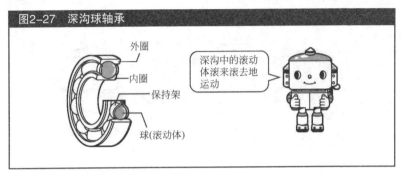

图2-27　深沟球轴承

外圈

内圈

保持架

球(滚动体)

深沟中的滚动体滚来滚去地运动

　　滑动轴承是利用轴瓦工作面包围轴，轴瓦与轴采用面接触，在适当的润滑下支撑轴旋转的轴承（图2-28）。滑动轴承与滚动轴承相比，具有振动和噪声小的优点，它不仅适用于小型机械设备，更适合于发电用汽轮机或船舶用的螺旋轴等大型机械设备。

图2-28　滑动轴承

重要的是尽量减少滑动摩擦

轴装配在这里

（7）弹簧

　　弹簧是利用弹性变形储蓄能量、缓和振动或冲击的零件，广泛用于机械设备中。常用的弹簧是线材卷成圆筒状而制成的螺旋

弹簧，分为承受轴向拉力的拉伸螺旋弹簧、承受轴向压力的压缩
螺旋弹簧、承受扭转力矩的扭转螺旋弹簧等（图2-29）。

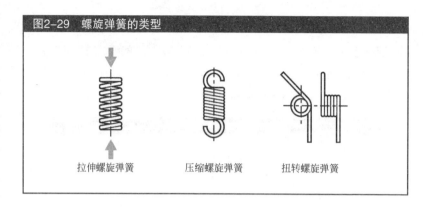

图2-29　螺旋弹簧的类型

拉伸螺旋弹簧　　　　压缩螺旋弹簧　　　　扭转螺旋弹簧

板弹簧是由弹簧钢板叠加组合而成的板状弹簧，应用于支撑
汽车和铁道车辆等大型机械的悬架系统（图2-30）。

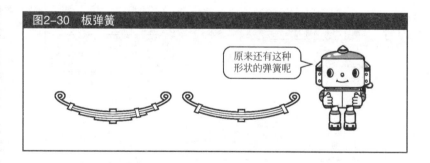

图2-30　板弹簧

原来还有这种
形状的弹簧呢

要想更深入掌握这一领域的内容，就要学习机械零件与机械
学方面的相关知识。

为了确认机构的运动，最好的方法是首先试着制作，但金属的加工要花费时间和费用。为此，推荐使用简单易成形的纸板进行机构模型的设计和制作。这里，介绍的是曲柄滑块机构的模型（图2-31）。作为设计样本，取冲程容积为50~60cm³。

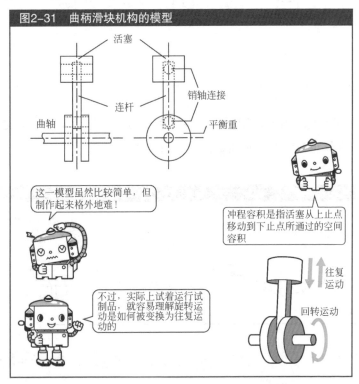

图2-31　曲柄滑块机构的模型

第3章

多样的机械加工方法

不管是想要制造什么样的机械，在其设计时，必须要考虑用什么样的加工制造方法来制造机械。为了保证能够制造出机械设备的每一个零部件，本章要学习机械制造技术方面的基础知识。

3.1 机械制造

在完成了想要制造的机械的机构设计和强度计算之后，下面就需要考虑如何制造出这些构成机械的零部件。由于想要制造的机械有着尺寸标准和精度要求，一个人是无法生产加工出所有的机械零件的。实际上，在设计阶段对于自己加工制造的零件、需要采购的标准零件、尤其是需要外协加工制造的零件等都已经策划完成。

在这里，将机械制造的方式进行简单的分类，首先介绍的是自己动手制作的手工零件，其次是使用工具或机器生产的零件（图3-1）。即使是同样的零件，制作一件与制作成千件在加工方法上也会有许多不同。因此，还是应从多方面的视角分析机械制造的方法。

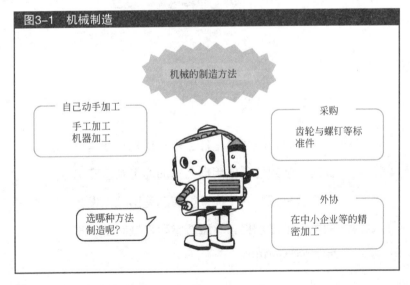

图3-1 机械制造

机械的制造方法

自己动手加工
手工加工
机器加工

采购
齿轮与螺钉等标准件

选哪种方法制造呢？

外协
在中小企业等的精密加工

3.2 手工加工

尽管设计出来的机械零件通过商品目录能够全部采购，或委托中小企业外协加工等方式得到。但是，了解在机械制造过程中自己动手究竟可以做到什么程度是非常重要的。虽然自己动手制造会有时间花费过多或精度达不到要求等情况出现，不过对于机械制造的初学者来说，亲自动手一件一件地尝试着加工零件，可以从加工过程中体会到机械制造加工的乐趣。

还有，即使是采购标准件，在与其他零部件组合安装时，也一定会有简单的锉削及钻孔等加工。因此，设计者掌握了这些基本的手工操作技能，即使是在零件的委托外协加工时，也可以更好地选择外协加工企业。

本节将要介绍的是手工操作时使用的工具以及加工方法。

（1）划线工序

在手工作业中，最先进行的机械加工是将金属棒或板材加工成适当的形状。现在想象一下，怎样切断金属棒或板材。想将眼前一定长度的钢棒切成需要的长度或想将大块的钢板直线剪切成需要的尺寸等等，在这种情况下，首先必须要做的就是在想切断的部位做标记。这时，只是使用尺子测量、采用记号笔进行标记，是无法得到精确尺寸的。

这时需要使用的是划针。用记号笔或被称为蓝色清漆的划线专用颜料在工件的划线部位涂上颜料，然后用划针在涂层位置划出浅痕，这就非常清楚地标明了剪断位置（图3-2）。另外，需要画圆时，使用划线专用的划规。

图3-2 划线工序

工件

钢板尺

划针

（2）定心工序

在手工作业中，想在圆钢的中心打孔时，为使钻头的刀尖对准位置，需要预先打好样冲眼。若断面为正方形或长方形的棒料，则需用划针划出对角线，在其两线交点处预先打好样冲眼即可。但是在断面为圆形棒料的中心处打样冲眼时，定心工序又是如何进行的呢？

要想在断面为圆形的棒料的中心处打出样冲眼，使用的是划针盘，并配有具有90° V形槽的V形铁和划针（图3-3）。将要划线的圆棒料等工件放入V形铁的槽内，平行移动划针盘上的划针，并使工件数次旋转，进行划线操作。需要指出的是此时的划线工作是在平面基准获得保证的划线平台上进行的。划线工作完成后，就用具有两面钳口的虎钳夹紧工件，在划好标记的金属标记上放好中心冲，用榔头敲打中心冲，冲出样冲眼。

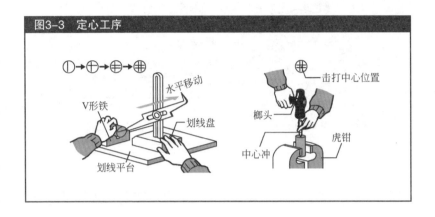

图3-3　定心工序

（3）切断加工

在手工作业中，划线工作结束后，就要考虑怎样切断工件。这时，首先想到的是用锯来切断工件。金属切断加工使用的手工锯主要是弓形锯（图3-4）。弓形锯的使用方法是用双手握紧，重要的是锯切过程要施加压力。锯切工件时，不仅仅是用腕力，而是收紧双腋，利用身体移动的重心进行锯切加工。另外，随着锯切深度加大，锯切接触面积变大时，应改变锯切的角度，以减少锯切接触面积。

在切断加工中，想将薄金属板直线状剪断时，应使用剪板机（图3-5）。脚踏式剪板机是将工件夹在适当的位置，利用脚踏的踏板开关进行剪断。还有，如果钢板太厚，即使能剪断，切口也会发生变形。因此，应根据剪板机的要求选择与之适宜厚度的钢板进行剪断加工。

图3-4 使用弓形锯的锯切

双手握紧弓形锯，锯切行程施加压力

弓形锯

不是用腕力使用弓形锯，而是腰部用力摆动整个身体进行锯切

虎钳

图3-5 使用剪板机的剪断加工

安全第一地生产

工件(厚度小于1mm左右的金属板)

剪刀

用脚一踩踏板开关，剪刀就下降，剪切工件

踏板开关

（4）弯曲加工

在手工作业中，想一想弯曲加工怎样做才能将金属棒料弯曲成螺旋状。对工件进行简单的弯曲加工是容易实现的，只要一手拿着适当大小的圆板、一手拿着榔头敲打，就能够光滑地使工件弯曲。

在使用锤子无法完成弯曲加工时，可以使用液压弯曲机。另

外，弯曲中空的管时，有时
断面形状会发生畸变，这时
会采取在管内灌入沙子缓慢
弯曲等措施。

图3-6 板的弯曲加工

工件

长木块

在板的弯曲加工中，在
板材比较薄的情况下，只要
使用长木块敲打金属薄板就
能进行弯曲加工（图3-6）。
但是当金属板材比较厚时，
需要采用油压弯曲机时，可将工件压夹在液压弯曲机的V形槽中
进行弯曲加工（图3-7）。

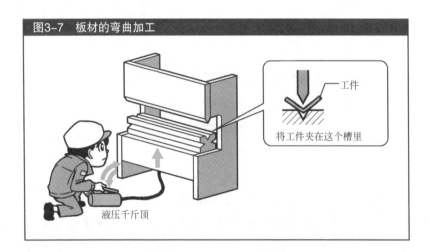

图3-7 板材的弯曲加工

工件

将工件夹在这个槽里

液压千斤顶

（5）锉削加工

在手工作业中，必不可少的是使用钢制锉刀来去除工件表面
的凹凸不平，或锉去工件切断后留下的毛刺等（图3-8）。钢制

锉刀按锉齿的大小分为粗齿锉、中齿锉、细齿锉及油光锉等，按断面形状分为平锉、方锉、圆锉、半圆锉、三角锉等不同类型。为此，要根据工件的材料或锉削要求，选择适当的工具锉进行加工。

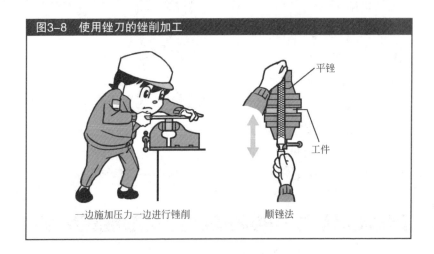

图3-8　使用锉刀的锉削加工

平锉

工件

一边施加压力一边进行锉削　　　　　顺锉法

在进行锉削加工时，首先是用虎钳牢固地固定住工件。钢锉刀的使用方法与弓形锯的使用方法相同，双手握紧钢锉，摆动整个身体，一边施加压力一边进行锉削加工。

（6）钻孔加工

想在工件上钻孔时，首先想到的工具是手动钻头，只是手动钻头加工的工件材料主要是木材或塑料。若想在金属上进行钻孔加工，就要使用电钻，为了确定加工的准确位置，需要将工件固定在支撑台上进行加工（图3-9）。

在进行精度要求高的钻孔加工时，采用使加工台与钻头在桌子上成为一体的台式钻床，其钻头在旋转的同时，通过上下的进给运动，在工件上完成钻孔加工（图3-10）。

图3-9 使用钻具的钻孔加工

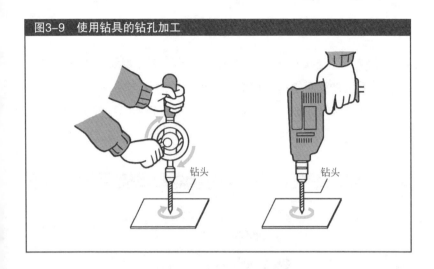

图3-10 使用台式钻床的钻孔加工

　　另外，为了使钻头钻出的孔表面光滑且尺寸精度高，需要使用在圆筒形或圆锥形的本体上带有几条刀刃的铰孔刀。用铰孔刀替换手摇钻或台式钻床上的钻头，就能进行铰孔加工。

（7）螺纹加工

螺纹加工是指在工件上加工出内螺纹或外螺纹的方法。外螺纹使用板牙进行套螺纹，内螺纹使用丝锥进行攻螺纹。

板牙套螺纹加工要事先准备好与工件直径相匹配的板牙，加工时一边将板牙压向工件，一边旋转，这样就能套出螺纹（图3-11）。

图3-11 使用板牙加工外螺纹

重复使板牙正转1~2圈后，退转半圈的动作

板牙

工件

虎钳

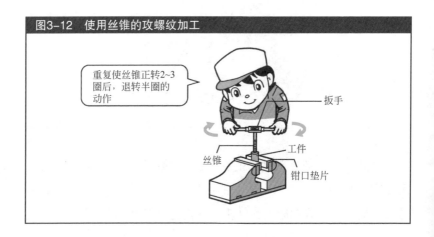

图3-12 使用丝锥的攻螺纹加工

重复使丝锥正转2~3圈后，退转半圈的动作

扳手

工件

丝锥

钳口垫片

攻螺纹加工与套螺纹加工一样，要准备与工件内圆孔径相匹配的丝锥（图3-12）。丝锥通常由三支组成一套，分为头锥、二锥及精整锥，适当的交换就能攻出螺纹。另外，为了攻螺纹，需要事先在工件上钻出螺纹底孔。螺纹底孔直径是由所需螺纹直径乘以0.80~0.85获得。例如，用丝锥加工直径为6mm的螺孔时，应选择直径为5mm的螺纹底孔。

3.3 切削加工

当你掌握了手工作业的方法后，就会想使用机械设备进行加工。除了已经介绍过的钻床，其他常用的切削加工的机械设备当属车床和铣床，本节将介绍使用车床和铣床进行切削加工的方法。

（1）车床车削

车床是将圆筒形的工件旋转作为主体运动，同时使用被称为车刀的刀尖对旋转的工件作进给运动，利用切削运动对工件进行切削加工的机械设备（图3-13）。

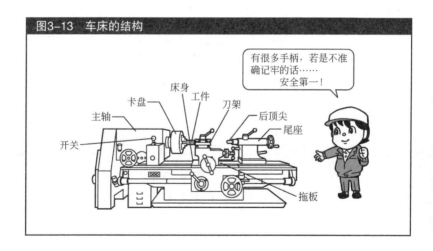

图3-13 车床的结构

有很多手柄，若是不准确记牢的话……安全第一！

主轴　卡盘　床身　工件　刀架　后顶尖　尾座　开关　拖板

在使用车床进行车削加工中，使用不同类型的车刀，可以对圆形工件进行车端面、车外圆、切槽、车螺纹等加工（图3-14）。

另外，在尾座套筒里安装上钻头，也可以对工件进行钻孔加工。

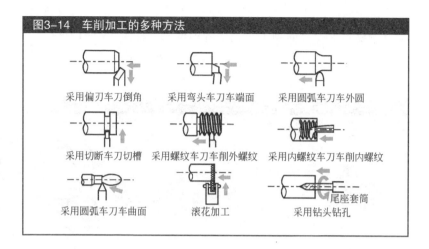

图3-14　车削加工的多种方法

采用偏刃车刀车倒角　　采用弯头车刀车端面　　采用圆弧车刀车外圆

采用切断车刀切槽　采用螺纹车刀车削外螺纹　采用内螺纹车刀车削内螺纹

采用圆弧车刀车曲面　　滚花加工　　尾座套筒　采用钻头钻孔

（2）铣床铣削

铣床是将被称为铣刀的刃具的高速旋转作为主体运动，对作直线进给运动的工件进行铣削加工的机械设备。根据安装铣刀的主轴布置的方式，分为主轴相对于工件垂直布置的立式铣床和主轴相对于工件水平布置的卧式铣床（图3-15）。

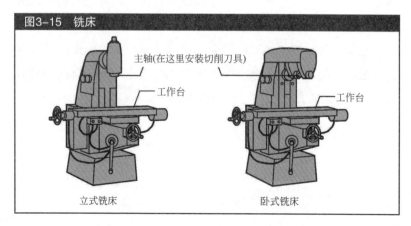

图3-15　铣床

主轴(在这里安装切削刀具)

工作台

工作台

立式铣床　　　　　　　卧式铣床

在使用铣床铣削加工中，使用不同类型的铣刀，可以对工件进行铣平面、铣端面、铣沟槽等加工（图3-16）。端面铣刀和圆柱铣刀主要是进行平面加工，主切削刃位于圆柱面上而副刀刃位于端面上的立式铣刀不仅能铣平面，而且也能铣孔槽。

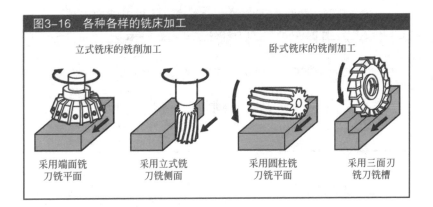

图3-16 各种各样的铣床加工

立式铣床的铣削加工　　　　卧式铣床的铣削加工

采用端面铣刀铣平面　　采用立式铣刀铣侧面　　采用圆柱铣刀铣平面　　采用三面刃铣刀铣槽

在车削与铣削加工中，根据加工工件的要求合理选用和使用刀具，设定适宜的切削速度，一边操作手柄，一边就能进行切削加工。操作熟练的话，也可以使用自动走刀手柄，但即使使用自动走刀的方式进行切削加工，在切削过程中，也请不要将目光离开加工件。

另外，因为切削加工过程会有切屑飞溅，所以操作时必须穿工作服和戴防护眼镜，安全地进行操作。根据工件的材料不同，加工过程中常常需要加注冷却润滑液。

3.4　磨削加工

　　磨削加工是为了精整切削加工等完成后的工件表面形状，将砂轮高速回转作为主体运动，对作进给运动的磨削工件进行加工的（图3-17）。磨削加工与切削加工相比，磨削加工可以获得高精度和高光洁度的加工表面，并适用于很难进行切削加工的硬而脆材料的加工。

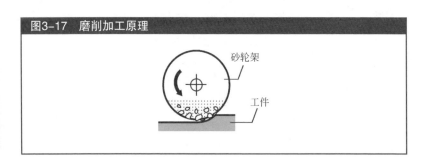

图3-17　磨削加工原理

砂轮架

工件

　　砂轮是由来源于熔融氧化铝（刚玉砂）或碳化硅（金刚砂）等的磨料、结合剂和粒度三要素组合构成，并兼顾硬度、韧性及耐磨性等性能。因为砂轮的切削刃（磨粒）即使磨钝，也还具有自身脆断或脱落的自砺性，所以它不像切削工具那样需要磨切削刃。

　　进行磨削加工的机械设备称为磨床，根据加工工件的形状，磨床分为平面磨床、外圆磨床及内圆磨床等种类（图3-18）。

图3-18 磨削加工的类型

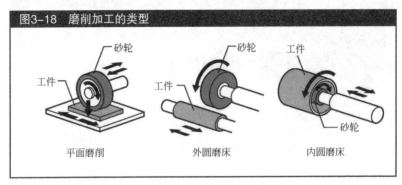

平面磨削   外圆磨床   内圆磨床

3.5 焊接

作为将机械各构件连接成一体的连接方法中的固定螺栓连接，它比较难以保证连接的严密性，而且构件越大需要使用的连接螺栓数量越多。因此，对于一些固定连接方式可以选用焊接的方法。焊接就是通过给被焊工件加热和加压的方法使两个工件连接成为一个整体的加工方法。如果操作熟练的话，相对于螺栓连接，焊接需要的时间可能还会短。

焊接方法按焊接的原理分为熔焊、压焊和钎焊等。熔焊是将两个被焊工件接口加热到熔化状态而进行连接的加工方法；压焊是将两个被焊工件接口加热至塑性状态时加压而进行连接的加工方法；钎焊是把熔点比焊件低的金属材料共同加热填充接口间隙而进行连接的加工方法。

（1）气焊

气焊是利用可燃性气体在氧气中燃烧所产生的热量加热金属来熔化工件接口而进行连接的焊接方法（图3-19）。使用得最多的气体类型是氧气和乙炔的混合气体，能达到约3000℃的高温。调节两种气体的高压气瓶的阀门，降低到适当气压值，在焊炬的焊嘴处点燃气体，直至获得所需要的焰芯为白色而且看起来较短的中性焰。

图3-19　气焊

在气焊的实际操作中，注意掌握控制焊炬与焊丝的角度以及焊接时的移动方法。在焊炬向焊丝的方向移动的前向焊接时，将焊丝插入用焊炬熔化工件后而出现的橘黄色部位，一边熔化焊丝，一边等速移动焊炬和焊丝（图3-20）。

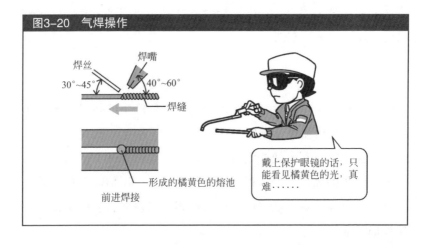

图3-20　气焊操作

另外，利用高压氧气切断钢板的加工称为氧气切割，简称氧割，主要用于切割剪板机难以剪断的厚板。

（2）电弧焊接

电弧焊接是利用电弧放电时产生的约3000℃电弧的热量，熔化焊条将同种金属焊件连接的焊接方法。典型的电弧焊接方法是把要焊接的金属焊件作为电极的一极，带有药皮的焊条作为电极的另一极，两极接近时产生电弧，使金属和焊条熔化。在电弧焊接的操作中，用焊钳夹住焊条施加电压之后，接近金属焊件，使其有在金属焊件表面滑动似的电弧产生（图3-21）。产生电弧后，将焊条与焊件保持一定的间隔，向左或右移动焊钳进行焊接。

图3-21 电弧焊接的操作

气焊与电弧焊可以用于一般的钢材焊接。但焊接不锈钢和铝等时，如果焊接部位暴露在大气中，那么氧气、氮气及杂质就会侵入焊接部位，影响焊接正常进行。因此，采用氩气等不活泼气体来保护焊接部位的熔融金属，就可以进行正常焊接。这时，采用金属钨作电极的称为TIG焊接（图3-22）。而且，金属钨电极几乎不熔化，所以TIG焊接被称为非熔化极焊接。

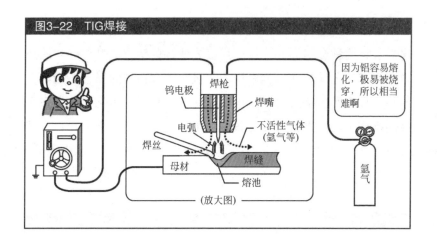

图3-22　TIG焊接

因为铝容易熔化，极易被烧穿，所以相当难啊

钨电极
焊枪
焊嘴
电弧
不活性气体（氩气等）
焊丝
母材
焊缝
熔池
氩气
（放大图）

（3）点焊

点焊是把被焊的两块金属板搭接，压在两柱状的铜合金电极之间，边施加压力边通电（图3-23）。通电的金属材料因电阻热使局部的接触处形成熔融状态，在电极施加压力的点形成了一个焊点。这种焊接方法不适用于密封性要求高的焊接，但因为具有焊接时间非常短、可以提高工作效率的特点，点焊被广泛应用于铁道车辆及汽车车身等的焊接。

（4）钎焊

钎焊是把熔点比焊件熔点低的合金共同加热，在焊件不熔化的情况下，使熔点低的合金熔化填充接口间隙而实现连接的焊接方法。通常的焊接方法中，不同焊件的焊接是困难的，但钎焊对于即使是铝和铜这样不同材料的焊接也适用。在电子元器件的焊接中常用的锡焊也是钎焊的一种，不过金属焊接使用的焊料是熔点450℃以上的硬焊料，用得最多的是采用银合金的银焊料。

图3-23　点焊

工件夹在电极之间，只脚踏开关即可

移动电极

固定电极

脚踏开关

3.6 铸造

到现在为止介绍的加工方法都是对金属板材和棒材进行的切削加工或连接成形的加工方法。但是，在制造形状更加复杂的机械零件时，与加工板材或棒材等原料相比较，也有将熔化得黏糊糊的金属流入预先准备的铸模中，而一次成形的加工方法。

铸造是将熔化的金属液浇入铸模中，经冷却凝固后，获得所需成形产品的一种加工方法。自古以来，寺院里吊挂的梵钟的制造，就是广泛采用了铸造方法，利用砂的造型制作铸模的铸造方法称为砂模铸造法。砂模铸造法是将与制作的产品形状一样的木制模型埋入型砂后，取出木制模型而得到砂型模具，将熔化的金属液浇入砂型模具的空间，待金属液冷却凝固后，破坏砂型模具

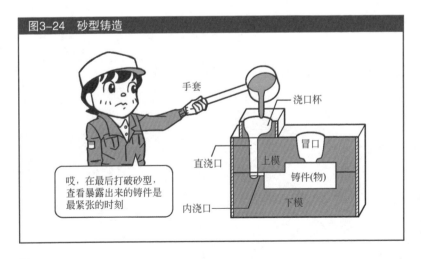

图3-24 砂型铸造

手套

浇口杯

哎，在最后打破砂型，查看暴露出来的铸件是最紧张的时刻

直浇口

冒口

上模

铸件(物)

内浇口

下模

而获得成形产品的铸造方法（图3-24）。砂模铸造法与后来改进的铸造方法相比，有铸件尺寸精度低、不适合大批量生产等缺点，不过现在小批量及特殊产品的生产仍在使用砂模铸造法。

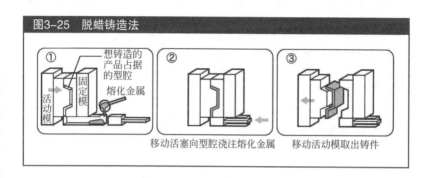

图3-25 脱蜡铸造法

① 想铸造的产品占据的型腔 熔化金属 活动模 固定模

② 移动活塞向型腔浇注熔化金属

③ 移动活动模取出铸件

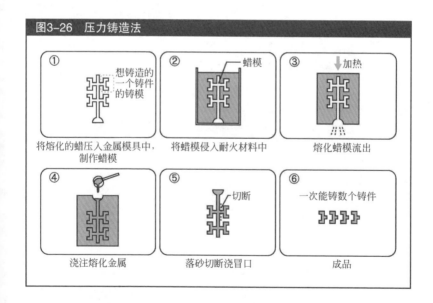

图3-26 压力铸造法

① 想铸造的一个铸件的铸模
将熔化的蜡压入金属模具中，制作蜡模

② 蜡模
将蜡模侵入耐火材料中

③ 加热
熔化蜡模流出

④ 浇注熔化金属

⑤ 切断
落砂切断浇冒口

⑥ 一次能铸数个铸件
成品

更精密的铸造成形方法有脱蜡铸造法和压力铸造法等，其中脱蜡铸造法是用低熔点的蜡制作成模型之后，然后加热熔化脱出

蜡，完成铸模制作（图3-25）；压力铸造法是向金属模压入熔化的
金属（图3-26）。

压力铸造法适合于大批量生产，用于汽车的壳体及活塞体等
产品的铸造。但是，因为使用金属模具，所以，压力铸造成形不
适用于熔点高的钢铁材料，只适用于铝合金、锌合金及镁合金等
熔点比较低的材料铸造成形。

3.7　塑性加工

塑性加工是对金属材料施加使其发生塑性变形的作用力而进行的成形加工。通常致使金属材料在常温下发生变形的话，就会出现硬度和脆性指标都提高的加工硬化。为消除加工硬化现象，需要使金属加热到某一温度而再生成新的晶粒组织并重新进行晶粒的生核和结晶。这就是再结晶，这一温度称为再结晶温度。

塑性加工有冷加工与热加工之分。冷加工是指在再结晶温度以下进行的塑性加工。热加工是指在再结晶温度以上进行的塑性加工。冷加工变形虽然需要较大的力，但是它具有能够获得高精度尺寸的特征。另外，热加工用较小的力就能获得变形，而且也能改善金属组织。

在这里，我们介绍塑性加工的类型。那么，手工加工方法中介绍的裁剪加工和弯曲加工等也属于塑性加工领域范畴。

（1）锻造

锻造是将金属加热到再结晶温度以上使之软化后，施加冲击性外力，产生变形的成形加工方法（图3-27）。锻造有自由锻造和模具锻造两种成形方式。自由锻造是像日本刀的成形那样靠技术工人的经验控制锻件自由成形的锻造方式。模具锻造是将金属坯料放在一定形状的锻模膛内受压变形而获得锻件成形的锻造方式，通常用于大量工业生产。另外，敲击毛坯料的动力除人力锤击打以外，还有使重物自由下落的落锤、利用蒸汽的蒸汽锤以及利用压缩空气的气锤等。

锻造与铸造和切削加工最大的区别就在于因为压力的作用使材料的晶粒变得密实，能够强化工件的力学性能。

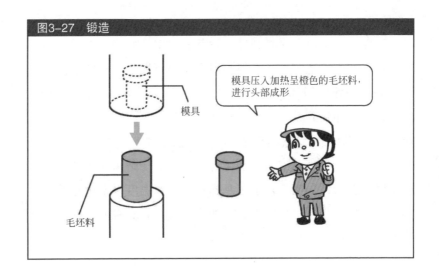

图3-27　锻造

模具压入加热呈橙色的毛坯料，进行头部成形

模具

毛坯料

（2）冲压加工

冲压加工不是像锻造那样施加冲击性的外力，而是由于施加静态的压力而使金属板材发生剪断变形或弯曲变形的加工方法（图3-28）。在冲压加工中，为获得大量生产时尺寸形状精确的产品，机械的动力从简单的脚踏式到大型油压式有许多种类，但冲压机械大型化后，因为振动与噪声问题，使其安装场所受到了限制。

（3）轧制加工

轧制加工是使金属材料在通过旋转的轧辊间，使其横断面面积和板材厚度减小的加工方法（图3-29）。

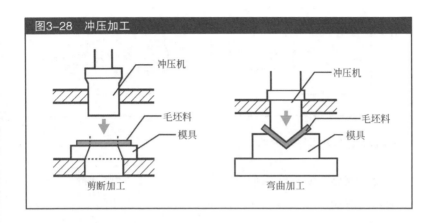

图3-28 冲压加工

冲压机

毛坯料

模具

剪断加工

冲压机

毛坯料

模具

弯曲加工

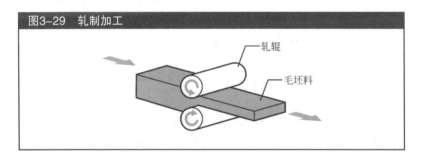

图3-29 轧制加工

轧辊

毛坯料

（4）挤压加工

挤压加工是在被称为挤压筒的容器内装入坯料，坯料从模具的模孔或间隙被挤压流出的加工方法（图3-30）。

（5）拉拔加工

拉拔加工是通过模具的模孔拉出金属坯料，而获得与模孔形状相同截面的线材或管材的加工方法（图3-31）。

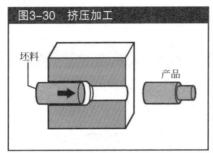

图3-30 挤压加工

坯料

产品

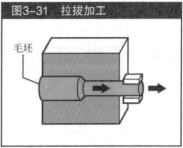

图3-31 拉拔加工

毛坯

（6）辊轧成形

辊轧成形（或辊轧成形工艺）是指使棒材在刻满螺纹牙的辊压模具间滚动，形成螺纹牙的制造方法。小螺纹牙的工件多采用这种加工方法。辊轧成形模具有搓丝板和滚丝模等（图3-32）。

辊轧成形制造的螺纹是通过塑性变形而加工的，因冷加工增加了螺纹的拉伸强度和疲劳强度。此外，因为不像切削加工那样出现切屑，所以，辊轧成形可以充分利用材料。

辊轧成形是主要用于小螺纹成形的加工方法，不过对于长尺寸及大直径的螺栓，也有能够高质量辊轧成形加工高精度螺纹的大型辊轧成形机床。连M100左右的建筑用地脚螺栓也能用辊轧成形方法制造。

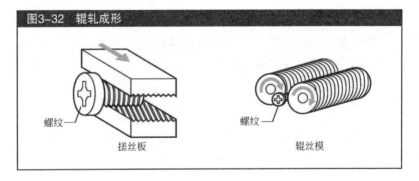

图3-32 辊轧成形

螺纹

搓丝板

螺纹

辊丝模

3.8　电火花加工

电火花加工是将加工的金属工件和加工工具作为电极，浸入绝缘的煤油等工作液体中，反复进行放电加工，以除去加工工件表面层的微量金属材料的加工方法（图3-33）。因为，这种加工方法对即使是难以加工的最硬金属，也能够加工成精密的复杂形状。所以，适用于模具零件等的成形加工。但是，电火花加工具有加工速度比切削加工速度慢这样的缺点，这种类型的电火花加工称为电火花成形加工，成形工具电极用铜等制造。此外，电火花线切割加工是将细铜丝作为工具电极，进行放电切割，像用钢丝锯床切割那样，在金属板上留下细微的切痕而切割出零件。

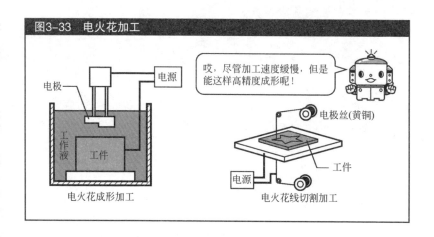

图3-33　电火花加工

哎，尽管加工速度缓慢，但是能这样高精度成形呢！

电极

电源

工作液　工件

电火花成形加工

电极丝(黄铜)

工件

电源

电火花线切割加工

另外，在电火花加工等成形加工出的模具里充填热塑性塑料而成型的加工方法是注塑成型（图3-34）。完成这一系列动作的机械设备是注塑成型机，塑料制的家用电器零件和塑料玩具等大多数工件都采用这种方法制造。

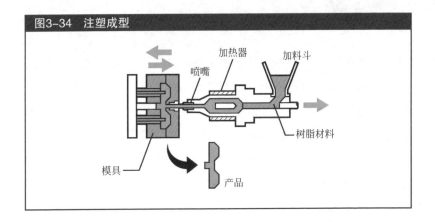

图3-34　注塑成型

加热器　　加料斗

喷嘴

树脂材料

模具　　　　产品

　　要想更深入地掌握这一领域的内容，可以学习机械加工设备方面的知识。

最近，去参观了标准件制造工厂，螺纹牙的滚轧成形真令我吃惊。这是因为圆钢被推入模具后飞快地就出现了螺纹牙。

　　那时，令我吃惊的还有螺杆头部的制造方法。以前一直以为螺杆和螺纹牙是分别加工，然后粘接而成的。如果那样做的话，就相当费事了。在考察工厂的滚轧成形加工工艺时，知道了螺杆头部是在材料生产流程中就已经形成了的。

　　因此，我看到了螺杆头部的制作过程。简单地说，圆钢的头部是在被称为冲头和模具的型腔中镦锻成形的（图3-35）。因为通常采用两次镦锻成形，所以将此称为双镦头加工工艺。这一工艺过程在瞬间完成，真令人吃惊啊！

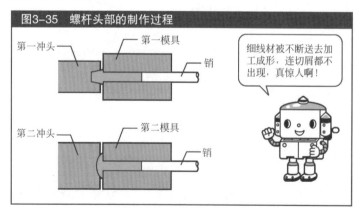

图3-35　螺杆头部的制作过程

第4章

制造机械用的各种材料

SS400?
S45C?
A7075?

机械制造中的零件都采用了特定的材料，绝大多数都是以钢铁为主的金属材料。本章主要学习以金属材料为主的机械制造用材料方面的基础知识。

4.1 钢铁材料

在我们的周围有许多机械都是用钢铁制造的。但是，这并不意味着用的就是金属元素铁。我们日常所见到的各种各样的钢铁材料并不是纯度为100%的纯铁，而是添加了各种不同的合金元素冶炼而成的。理所当然，使用最多的钢铁材料是添加了适量碳元素的碳素钢，一般将其表示为钢。如果用英语表示的话，铁元素表示为iron，钢表示为steel。我想这从饮料罐被称为steel罐也能够想象得出吧。

其次，对钢铁材料的制造方法进行说明（图4-1）。在生产制作机械零部件时，虽然没有人会从矿石的开采开始，但是，理解钢铁材料到达我们手头的过程并不会有任何损失。

钢铁材料的原材料是铁矿石，有赤铁矿（Fe_2O_3）、磁铁矿（Fe_3O_4）等种类。无论哪一种都是以氧化铁的形式存在的，为此，在冶炼过程中需要添加作为热源和还原剂的焦炭，同时，还需要加入去除杂质的石灰石，使三者在炉内燃烧而冶炼成生铁。这一冶炼过程是在高炉中进行的，高炉具有钢制的圆筒形外壳，内衬贴有耐火砖等耐火材料。大型高炉的高度可达100m以上。高炉的顶部装有排除炉内气体的通气孔和开闭装置，为防止有毒气体的排放而采取环境保护措施。

另外，在高炉的上部有被称为料斗的原料投入口，外部安装的倾斜式卷扬机将铁矿石等原材料边提升边运输到原料投入口。

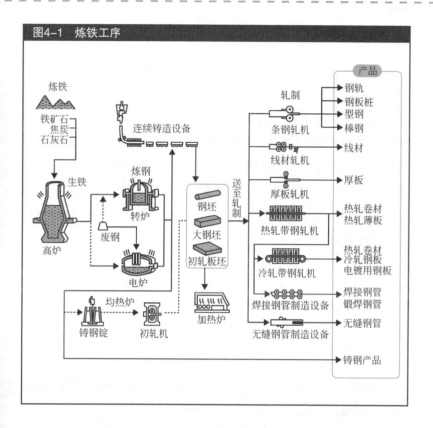

图4-1　炼铁工序

高炉冶炼出来的生铁，因为硬而脆，不能直接使用。因此，需要在下面的工序中运送到转炉进行吹氧冶炼，或送到电炉使其与废钢发生反应，通过炼钢工艺炼成钢。

完成炼钢工艺后的钢水接着流入铸型，被制成钢锭或被送到连铸连轧工序而被轧制成板材或棒材。钢锭是半成品，为了制造板材或棒材需要进行再加热。另一方面，因为连铸连轧工艺是有效利用被加热材料余热的制造过程，从提高生产效率和节省能源的角度出发而被迅速推广。

（1）碳素钢（carbon steel）

碳素钢是指铁和碳的合金，这种钢的碳元素含量通常在 0.02%～2%的范围内。碳素钢通常含有少量的硅、锰、磷以及硫等元素，其各元素的作用如下：碳元素能提高金属材料的强度和硬度，硅元素能够除去钢水中的氧元素，锰元素能够除去硫元素。另外，磷元素和硫元素是钢中含量越少越好的不纯净物质，为此，对磷、硫的含量的限度进行了规定。此外，碳素钢因碳含量的不同可分为低碳钢、中碳钢和高碳钢，因硬度的不同可分为极软钢、软钢和硬钢。

含碳量在 0.02%以下的碳素钢通称为纯铁。说起纯铁的力学性能，倒是在电磁性能方面比较优越，常用来制作直流电器具的铁芯与电枢等以及电动机零件。

（2）钢铁材料术语

JIS 标准规定了不同钢铁材料的用途以及关于质量方面的主要术语。这里，我们介绍几种典型的钢铁材料。

① 普通结构用轧制钢材（rolled steel for general structure）。

普通结构用轧制钢材常作为建筑、桥梁、船舶、铁道车辆、铁塔等一般结构的钢材使用。普通结构用轧制钢材有钢板、带钢、扁钢、棒材以及型钢等种类。这些材料根据 steel for structure 英文名被称为 SS 材，JIS 标准中规定了 SS330、SS400、SS490 及 SS540 共四个品种。

SS400 中的 400 这一数字是保证材料的抗拉强度的下限值，这是意味着 SS400 的最低抗拉强度不低于 $400N/mm^2$。

首先要记牢SS材料和S-C材料

② 机械结构用碳素钢材（Carbon steel for machine structural use）。

制作成机械零件的结构用材不仅仅是支撑静载荷，而且还要像齿轮和轴那样，经常使用在长期承受载荷作用并进行运动等的场合。机械零件用的典型材料是机械结构用碳素钢材，在S和C之间标记的数字，表示其含碳量的多少。例如，S45C这种材料就是意味着金属中的含碳量为0.45%。

S-C材料与SS材料相比，S-C材料规定了材料的化学成分，是更加可靠的材料。其次，S-C材料是适宜于精加工的材料，适合制造过程中的锻造、切削、冲压等的加工和热处理。

作为参考，介绍S45C的化学成分（单位：%）如下。

钢种	C	Si	Mn	P	S
S45C	0.42~0.48	0.15~0.35	0.30~0.90	0.030以下	0.035以下

另外，热处理是通过适当的温度去加热及冷却钢材，以改善钢材力学性能的操作方法。热处理有淬火、回火、退火及正火等类型。利用这些热处理的方法可以提高钢材的硬度、强韧性。

（3）合金钢（alloy steel）

为了提高钢材的性能，除了5种主要元素以外，再含有一种或两种以上元素的钢被称为合金钢。主要的合金成分有提高金属淬火性能和耐腐蚀性能的铬元素、提高耐摩擦性能的钼元素、钒元素、钨元素等。

① 机械结构用合金钢材（Molloy steel for machine structural use）。

与SS材料相比，提高了拉伸强度和柔韧性的结构用合金钢被称为机械结构用合金钢材，分为强韧性钢和高强度钢等种类。

强韧性钢的种类有铬钢、铬钼钢、镍铬钢、镍铬钼钢、锰钢、锰铬钢等，无论哪一种钢都通过热处理提高了抗拉强度和强韧性能。另外，保证了淬火性能的合金钢称为H钢（日本的合金钢牌号后附H），这是保证了距离淬火端一定距离的材料的硬度上限、下限或范围的钢种。强韧性钢作为齿轮、螺栓、螺母、车轴类等零件的制造材料被广泛使用。

高强度钢是除碳元素外添加了镍元素、硅元素及锰元素等，强化了抗拉强度的合金钢。有时省略其英文High Tensile Steel称为高级钢（HTS），一般的高强度钢的抗拉强度在490～790MPa之间。主要应用于建筑、桥梁、船舶、车辆、其他的结构物以及压力容器或汽车用冷轧钢板等，使用范围十分广泛。

② 不锈钢（Stainless steel）。

不锈钢是以提高耐腐蚀性和硬度为目的，含有单一的铬元素或铬、镍两种元素的合金钢。JIS标准规定不锈钢的代号为SUS（一般SUS读为沙斯），如SUS304或SUS430，在SUS后面的数字表示其牌号。

一般的含铬量达到10.5%以上的合金钢才能称为不锈钢，通过铬在钢的表面形成一层薄的氧化膜（图4-2）以提高钢的耐腐蚀性。

耐腐蚀性优良、不容易生锈就意味着不需要对产品表面进行电镀或涂装。含有13%铬的13Cr钢被应用于硬度要求高于防锈性能的情况，如要求高硬度的螺栓、螺母、刀具、叉子、餐具等。含有18%铬的18Cr被应用于对防锈性能有高要求的情况，如炊事机械、汽车零件、化学装置等。含有18%的铬和8%的镍的18Cr-8Ni不仅耐腐蚀性好，而且抗拉强度也好，被用于制造汽车、铁道等的结构件，以及作为建筑材料而广泛使用。

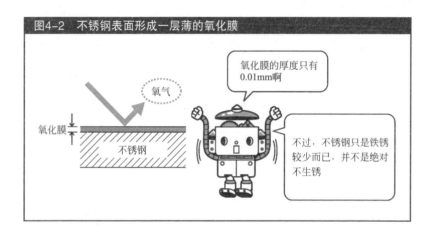

图4-2　不锈钢表面形成一层薄的氧化膜

（4）铸铁（cast iron）

铸铁是含碳量在2.14%～6.67%范围内的铁合金，因为它具有比碳素钢熔点低的特点，故作为铸造材料使用。一般情况下，铸铁与碳素钢相比，其伸长率低、硬度高、脆性大，不适合作为结构材料使用，但它在硬度和耐磨性能方面具有优势。其种类如图4-3所示。

① 灰口铸铁。

灰口铸铁是不添加特别合金元素的一般性铸铁，通常称为铸铁。在JIS标准中记为FC，规定了FC100～FC350共六个品种。

这里，符号FC后面的数字与SS材相同，是表示材料抗拉强度的最低保证值，将这一数值与SS400比较，就会发现铸铁的抗拉强度较低。

图4-3　铸铁的种类

片状石墨

球状石墨

将片状石墨变成球状石墨，就改善了铸铁的最大缺点脆性

灰口铸铁

球状石墨铸铁

如果用显微镜观察灰口铸铁的断面，就能够看到分散在灰口铸铁材料内的石墨的形状。因为材料内的石墨是月牙形的，所以也被称为片状石墨铸铁。对于灰口铸铁这一名称有另一种说法是，其名称并不仅仅是来源于铸铁呈现老鼠灰的颜色，还包括其内部的石墨形状看起来像老鼠。

铸铁中的月牙形石墨起着润滑剂的作用，另外其热传导性也好，容易散发摩擦热，所以灰口铸铁的耐磨性优越。此外，因为灰口铸铁具有优良的吸收振动的能力，所以一直以来，对灰口铸铁的使用开始于制作机床的床身，逐渐应用到汽车的气缸及与制动器相关零件的制造，应用范围非常广泛。

②球状石墨铸铁。

观察灰口铸铁所见到的月牙形石墨的尖端是尖锐的，我们可以认为这是一种缺陷，这是灰口铸铁的脆性产生的原因。为此，对其进行改良，球状石墨铸铁就是将石墨的形状改进为球状，使其能耐某种程度的塑性变形。在JIS标准中球状石墨铸铁记为FCD，规定了FCD370～FCD800共七个品种。另外，球状石墨铸铁有时也被称为可锻铸铁。

球状石墨铸铁的吸收振动能力低于灰口铸铁，但因其强韧性优越，广泛地应用于汽车零部件、机械设备的零部件、钢管接头、阀门等的制造。

另外，在铸铁里也有含镍、铬、锰、硅等元素的合金铸铁。

4.2 铝材料

我们身边常见的仅次于钢铁材料的就应该是制造一日元所使用的铝材。铝的密度小，大约是铁的三分之一，具有优良的加工性能。此外，铝是电和热的良导体，具有其他金属所没有的特殊的白色光泽，作为机械工程材料也被应用于各种不同的场合。与要把铁变成钢使用一样，由于100%的纯铝几乎没有强度，所以直接使用纯铝的场合不多。通过加入锌、镁等元素制成铝合金，其强度可提高到比钢的强度还高。这里，首先对铝的制造方法进行说明。

铝的原材料是含有被称为铝土矿的红褐色矾土（氧化铝）矿石。铝的制造从电解铝土矿，提取白色粉末状的氧化铝（Al_2O_3）开始；下一步，在熔融冰晶石溶剂中电解氧化铝，制造粗铝锭（Al）；形成粗铝锭之后，就如同钢铁材料一样，通过轧制、挤压、锻造、铸造等工序，制造出各种形状的型材产品（图4-4）。

由于制造铝的过程需要耗费大量的电力，有时铝也会被称为"电老虎"。

但是，另一方面，铝的熔点大约是660℃，相对铁的熔点要低许多，因此，铝有消耗较少的能源就能循环利用的特点。

在JIS标准中将铝合金分为作为棒材或板材使用的延伸类，以及将熔融金属浇入铸型获得成形的铸型铸造类。这里，我们将介绍延伸用铝合金的化学成分和特性，延伸用铝合金采用字母A后面加4位数字的方法表示，数字每隔1000为一个层次，表示合金成分的变化。

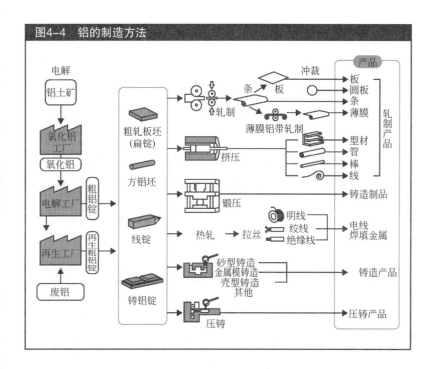

图4-4　铝的制造方法

（1）1000（纯铝）

纯度达到99.9%以上的纯铝，这种合金的强度虽然不高，但耐腐蚀性和加工性能良好，被用于制造化学工业的罐槽类、厨房灶具的防油板等。

（2）2000（Al-Cu系合金）

主要添加元素是铜元素的铝合金，这种合金的强度高，力学性能和切削性能良好。但因为含铜量高，致使其耐腐蚀性能低。

代表性的产品有硬铝（A2017）及超硬铝（A2024），超硬铝的硬度能够与钢媲美。

（3）3000（Al-Mn系合金）

主要添加元素是锰元素的铝合金，这种合金在保持了纯铝的加工性能和耐腐蚀性能的情况下，稍稍增加了其强度。因为具有容易加工的性质，首先用于制造铝罐，逐渐发展到作为建筑材料、车辆用材等使用。

在加工制造饮料用铝罐的罐体（图4-5）时，采用基于深冲加工的DI方法［铝合金薄板经深冲（Drawn）和变薄拉伸（Ironed）而成，故称DI方法］。在日本，1971年首次开发了这种方法，之后迅速推广。

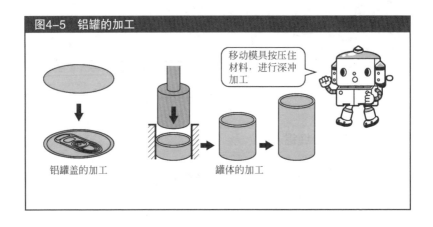

图4-5 铝罐的加工

移动模具按压住材料，进行深冲加工

铝罐盖的加工　　　　　罐体的加工

（4）4000（Al-Si系合金）

主要添加元素是硅元素的铝合金，这种合金的热膨胀率低、耐热性能和耐摩擦性能优异，所以，多被用于制造发动机的活塞等。

（5）5000（Al-Mg 系合金）

主要添加元素是镁元素的铝合金，这种合金在不降低耐腐蚀性的情况下，提高了材料的强度。这是铝合金中耐腐蚀性最优秀、加工性能也好的材料，因此在车辆、船舶、建筑用材、机械零件的制造中被广泛采用。一般的制造常用 A5052 合金。

（6）6000（Al-Mg-Si 合金）

主要添加元素是镁元素和硅元素的铝合金，这种合金的强度和耐腐蚀性良好。代表性的合金是 A6063，由于这种合金具有良好的挤压性能，所以作为建筑用窗框及护栏等的材料而大量使用。

（7）7000（Al-Zn-Mg 合金）

主要添加元素是锌元素和镁元素的铝合金，这种合金的强度在铝合金中也是最高等级的。在日本开发出来的 A7075 也被称为超超硬铝，用于制造飞机的结构件和体育器材。

在 1936 年，日本的住友金属工业株式会社完成了超超硬铝的开发。这种材料作为当时世界上最优秀的铝合金，被应用于以零式舰载战斗机为首的军用飞机制造上。此外，超超硬铝的英语表示为 Extra super duralumin（ESD）。

原来还有日本人开发的铝合金，都不知道呢

4.3 铜材

因为铜的强度及硬度都不如铁，所以铜不适合作结构用材使用，但这些性能是可以通过铜合金得到改善的。铜有以下的特点，一是加工性和耐腐蚀性能优异，二是电和热的良导体，三是除了金外唯一具有金色光泽的金属。铜是通过精炼铜矿石提取粗铜后，电解粗铜获得的。

在日本，铜矿石的采掘量远远大于铁矿石或铝土的采掘量。因此，自古以来铜就被用于制作佛像（图4-6）等，是我们生活中不可缺少的金属。

图4-6 铜被用于制作佛像

从这里倒入熔化的铜制作大佛

在JIS标准中将板或条的铜或铜合金用字母C后面加4位数字的方法表示，数字每隔1000为一个层次，表示合金成分的变化，直到7000为止。这里将介绍几种代表性的合金。

（1）1000（纯铜）

几乎不含合金成分的无氧铜、反射炉精炼铜、磷脱氧铜等都是电和热的良导体，延伸性、深冲加工性、焊接性、耐腐蚀性及耐候性等良好。用途有电气用、建筑用和化学工业用等，被广泛使用。

（2）2000（Cu-Zn合金）

主要添加元素是锌元素的铜合金，这种合金的特性有延伸性、耐腐蚀性及深冲加工性等，并具有独特的金属光泽。

黄铜（C2100～C2400）是含锌4%～12%的具有红棕色泽的美丽材料，因延伸性及深冲加工性良好，所以作为建筑用材、装饰用具材料及化妆品盒用材料等使用。

黄铜（C2600～C2800）是含锌20%以上的具有金色光泽的美丽材料，延伸性及深冲加工性良好。含锌30%的称为铜七锌三的合金（或七十黄铜），用于制作汽车的散热器和电灯泡的灯头；含锌40%的称为铜六锌四的合金（或六十黄铜），用于制作船的螺旋桨（图4-7）和管弦乐器等。另外，五日元硬币的材质也是这种铜六锌四的合金。

图4-7　船的螺旋桨

（3）3000（Cu-Zn-Pb合金）

主要添加元素是锌元素和铅元素的铜合金，这种合金的切削性能好。切削性能最佳的、冲孔性能也好的易切铜被用于制作钟表零件或齿轮等。

（4）4000（Cu-Zn-Sn合金）

主要添加元素是锌元素和锡元素的铜合金，这种合金具有优秀的耐腐蚀性能。尤其对海水的耐腐蚀性好的黄铜板，厚的可作为制造热交换器管的板材使用，薄的可作为制造船舶的取海水口的材料使用等。

（5）5000（Cu-Sn合金）

磷青铜是主要添加元素为锡元素的铜合金。磷青铜在延伸性、耐疲劳性及耐腐蚀性优良的基础上，具有很高的弹性，被用于制作电器用具的弹簧、开关、引线框架、接口、隔膜等。

（6）6000（Cu-Fe-Zn-Al-Mn合金）

高强度黄铜是主要添加元素为铁元素、锌元素、铝元素及锰元素的铜合金。高强度黄铜具有强度高、热锻造性能和耐腐蚀性能优异的特点，所以被用于制作船舶用零件、螺旋桨轴、泵用轴等。

（7）7000（Cu-Ni合金、Cu-Ni-Zn合金）

白铜是主要添加元素是镍元素的Cu-Ni合金。白铜耐腐蚀性尤其耐海水腐蚀性好，所以作为热交换器管或焊接管的用板使用。

而且，日本的50日元、100日元及500日元硬币都是使用这种白铜制造的。

锌白铜是主要添加元素为镍元素和锌元素的Cu-Ni-Zn合金。锌白铜的延伸性和耐腐蚀性良好，并具有美丽光泽，用于制造西餐食具、装饰品及医疗器具等。

真不知道啊，铜虽然没有像钢那样的强度，可其应用范围却这么广泛

4.4 钛材料

钛是有良好的耐腐蚀能力和耐热能力的非磁性材料。钛的耐腐蚀性能特别优越，不仅仅在空气中，即使在海水中也几乎没有腐蚀。另外，钛的熔点比其他的金属高，为1668℃；钛的密度为4.5g/cm³，与铁的7.8g/cm³相比，是轻量材料。钛作为硬度高、重量轻、强度高的材料，应用范围从眼镜框架、钟表等日常生活用品，到海水淡化装置、原子能发电站的热交换器、航空航天领域，非常广泛。而且，由于钛的生物体适应性能良好，所以也有用于制作人工牙齿、人工关节等医疗领域的。

需要注意的是，钛是稀有金属，是一种地球上存量很少的稀缺资源。为此，从资源保护的观点看，现实的使用方法是考虑循环利用钛资源。

钛的种类并没有像铁或铝那样被详细分类。下面，将钛分为纯钛和钛合金进行说明。

（1）纯钛

纯钛，根据其拉伸强度的差异可分为1类（TP270）、2类（TP340）、3类（TP480）、4类（TP550）。作为常用钛材被广泛应用的是2类。JIS标准中字母TP后面的数值表示其最低抗拉强度，因为规定了2类材料的抗拉强度为340～510MPa，所以它的强度同SS400等钢材相比有差异，就是比钢材稍大一点点。

（2）钛合金

钛合金是向纯钛中添加了合金成分，提高了其耐腐蚀性能和强度。有向纯钛里加入了极微量的铂系金属元素等的耐腐蚀钛合金（Ti-0.15Pd）。另外，增加了强度的高强度钛合金中有α型（Ti-5Al-2.5Sn）、α-β型（Ti-6Al-4V）、β型（Ti-15V-3Cr-3Sn-3Al）等种类。α-β型是钛中含有6%的铝和4%的钒形成的合金，常被称为64合金，其抗拉强度约为1000MPa，大约是纯钛的2倍。这种材料被用于制作飞机零件和高尔夫球杆的杆头（图4-8）等。

图4-8　钛制的高尔夫球杆的杆头

纯钛和钛合金的强度有很大的差异呢，因为钛是稀有金属，希望大家慎重使用

4.5 塑料材料

塑料是高分子材料的总称，具有比金属轻、不生锈、不需要电镀及其他表面处理等特性。另外，有时也按塑料加热后的性质不同可分为一加热就硬化的热固性塑料和一加热就软化的热塑性塑料。

一听到塑料，我们也许就会想到作为生活日用品被大量使用的聚乙烯（PE）、聚丙烯（PP）以及制造饮料瓶的原料聚苯乙烯（PET）。但是，可以想到这些材料不能用于制造受到巨大载荷的机械部件。用于制作机械部件的塑料应该是拉伸强度、弯曲强度及耐冲击性能等性能都优越的，这些材料被统称为工程技术用塑料（简称工程塑料）。

制作机械部件时，在使用材料上也许首先就会联想到金属材料。但是，即使是齿轮及螺钉等机械零件中也出现了许多塑料件。材料的比强度的定义是其强度除以密度，也就是说比强度这个值越大，材料就越轻而又结实。工程塑料是在比强度方面优越的材料。

工程塑料的种类很多，它们的名称不仅仅是JIS标准中规定的，即使同种材料也会因厂商不同而产品名不同，因此在选定材料时需要注意。下面，介绍一些典型的工程塑料。

（1）聚甲醛树脂（POM）

聚甲醛树脂是具有拉伸强度和弯曲强度高、韧性良好的力学特性而耐摩擦性能和耐热性能也优异的材料。即使在疲劳载荷、高温、潮湿的环境下，其力学性能也不会有大幅度的降低，作为齿轮、轴承、凸轮及家用电器的零件被广泛地使用。其产品名有缩醛树脂、DURACOM（日本Polyplastics株式会社的注册商标）和Tenac（日本旭化成株式会社的注册商标）等。

（2）聚酰胺（PA）

聚酰胺是拉伸强度和弯曲强度高、耐摩擦性能和耐热性能良好的材料，具有减少齿轮或轴承等运动零件的振动与摩擦的作用。产品名是尼龙。

（3）聚碳酸酯（PC）

聚碳酸酯是拉伸强度、耐冲击性、耐热性及耐寒性良好、透明、耐水性和耐酸性强的一种材料，以日用品为先驱，作为制造各种机械零件与电气部件的材料被广泛地应用。产品名有Lexan（日本SABIC株式会社的注册商标）及Panlite（日本帝人株式会社的注册商标）等。

（4）聚醚醚酮（PEEK）

聚醚醚酮（poly ether ether ketone，简称PEEK）是一种在拉伸强度与耐冲击性方面优异，能够在250℃高温连续使用的热塑性塑料，是具有最高的耐热性能的材料。作为制造各种机械零件与电气部件的材料被广泛地应用。PEEK是VICTREX公司的注册商标。

（5）MC尼龙（聚己内酰胺）

MC尼龙是拉伸强度、耐冲击性、耐摩擦性及耐药品性优异，机械加工性能好的材料，作为齿轮（图4-9）、轴承、链轮等广泛应用。这种材料的特征是多呈现美丽的绿色。MC尼龙是日本Polypenco株式会社的注册商标。

图4-9 塑料制的齿轮

4.6 陶瓷材料

陶瓷材料在硬度、耐燃、不生锈等方面上是比金属材料优秀的（图4-10）。陶瓷本来是黏土的烧制产品，人们很早以前就采用这一技术制作了各种各样的物件。但是，陶瓷物品一旦从高处坠落，就立即破损。因为陶瓷有易碎的缺点，所以作为需要强度的机械零件使用是不合适的。

进入20世纪80年代以后，陶瓷材料的研究取得进步，具有高性能的陶瓷材料在耐热材料、电气材料、光学材料以及生物材料等方面得到了应用（图4-11）。精密控制材料的组织、形状及制造工序，使其具有新的功能和特性的这种材料称为精制陶瓷材料。

图4-10 陶瓷的性质

陶瓷有硬、不燃、不生锈的特点

但是，也有易碎这一缺点

（1）结构用陶瓷材料

具有高强度、耐摩擦性和耐腐蚀性及耐热性能良好的结构用陶瓷，有氮化硅（Si_3N_4）和碳化硅（SiC）等。钢铁材料中，即

图4-11　陶瓷的用途

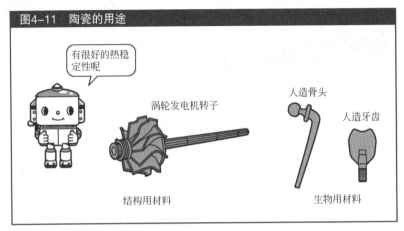

使是耐热合金钢在1000℃以上保持其强度也是困难的。为此，在汽车和火箭发动机的零件等用材上，作为在1000℃以上保持其强度，即使1200℃以上其强度也不降低的结构用陶瓷得到广泛的关注。金属材料在高温时，就因热膨胀而变形，但陶瓷材料由于其热膨胀率小，所以有由热引发的变形小的特点。

（2）生物用陶瓷

具有高度的生物相容性和良好的耐摩擦性等特点的生物用陶瓷（生物陶瓷学），是用磷酸氢钙类的材料烧结而成的，作为制作人造骨头和人造牙齿的材料使用。

4.7 复合材料

　　以前所介绍的材料都是均质的块状物体，具有各向同性的性质。如同合金，即使添加了多种元素，也可以认为其材料是均质的。在各向同性的材料中，从任意方向拉伸，材料的强度都是相同的。但是，钢筋混凝土是有效利用钢材抗拉强度大和混凝土抗压强度大的优点组合而成的，作为抗拉和抗压都强的材料起着作用。不过，因为结构中的钢筋有方向性，所以根据受力的方向，其强度不同。这种性质称为各向异性。

　　如上面钢筋混凝土的例子，复合材料是由两种或两种以上的材料，通过物理或化学的方法组成的，具有比原材料更好的性能（图4-12）。这时，基体材料和增强材料的种类与分布根据用途分为多种。

　　这里，主要介绍采用纤维强化材料的塑料复合材料、陶瓷复合材料及金属复合材料。

（1）塑料基体的复合材料

　　在采用塑料为基体材料的纤维增强复合塑料（FRP）中，代表性材料主要有玻璃纤维增强复合塑料（GFRP）和碳纤维增强复合塑料（CFRP）。FRP复合材料的主要特征是轻而结实，比强度也要优于金属材料。

　　玻璃纤维增强复合材料的抗拉强度要远远大于块状的塑料。

为此，GFRP被用于制作安全帽（图4-13）、小型船舶或浴槽等。

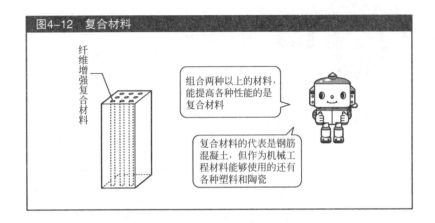

图4-12　复合材料

纤维增强复合材料

组合两种以上的材料，能提高各种性能的是复合材料

复合材料的代表是钢筋混凝土，但作为机械工程材料能够使用的还有各种塑料和陶瓷

　　碳纤维增强复合材料的价格比玻璃纤维增强复合材料高得多，但强度也更大。CFRP的用途从高尔夫球杆的杆或钓鱼竿等体育用具，扩展到飞机的机翼材料（图4-13）等航天航空用材。

　　用碳纤维增强石墨的碳纤维增强石墨复合材料（C/C复合材料）是比金属材料轻的高强度材料，因为具有能耐2000℃以上高温的优越性质，所以被用于制造航天飞机的耐热瓦片。

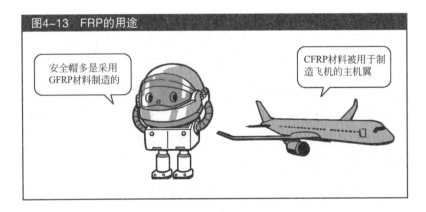

图4-13　FRP的用途

安全帽多是采用GFRP材料制造的

CFRP材料被用于制造飞机的主机翼

（2）陶瓷基体的复合材料

用陶瓷材料制造的复合材料因增强材料的形态和分布状态大致分类为颗粒分布型和纤维增强型。

颗粒分布型是一种或两种以上的微粒子均匀分布在基体中，从而妨碍材料被破坏的进展，结果就提高了强度和韧性。

作为纤维增强型材料的例子，有碳化硅纤维增强碳化硅（SiC/SiC）复合材料（图4-14），是在碳化硅基材中平面或立体编织入碳化硅纤维进行充填的，作为下个世纪的宇宙航空飞行系统的耐高温结构制造材料而受到人们的期待。

图4-14 SiC/SiC复合材料

除此以外，作为金属基材的复合材料，碳化硅纤维、钛的复合材料的开发等也在进行中。

要想更深入地掌握这一领域的内容，请学习机械材料方面的知识。

第5章

工作在水或空气中的机械

　　我们制造出来的机械周围必然有空气或水的存在。制造机械时，在不违抗自然界存在的各种外力的基础上，充分利用这些外力，可使其成为驱动机械工作的动力。在这一章中，将学习以空气或水等流体为对象的流体力学和流体机械的基础知识。

5.1 流体的性质

（1）何为流体

流体是可以自由变换形状并能够流动起来的物质，如水或空气。流体的运动状态称为流动性，制造机械时，与各种场合的流体的流动性有关。例如，为了制造飞机必须知道"飞机为什么能飞"，为了制造船舶必须知道"船是如何浮在水面上的"（图5-1）。

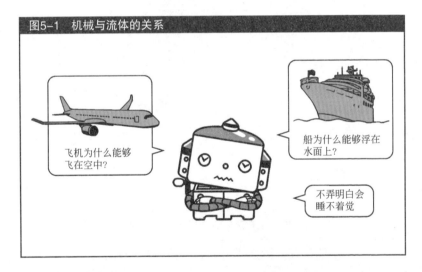

图5-1 机械与流体的关系

飞机为什么能够飞在空中？

船为什么能够浮在水面上？

不弄明白会睡不着觉

那么，说到水或空气，也许有人不知道该如何学习是好。考虑水或空气的流动性质，要了解其物理现象，并不会出现复杂的计算公式。无论怎么说，对于我们经常接触的水或空气，其性质相对容易理解。

（2）密度

密度是指单位体积（m³）内所具有的质量（kg）。一般密度用 ρ 表示、体积用 V 表示、质量用 m 表示，其关系式如下：

$$\text{密度} \quad \rho = \frac{m}{V} \quad (\text{kg/m}^3)$$

例如，即使同样形状的流体，其质量也会有所差别。用数值表示的这种差异就是密度。当然，固体有密度，水或空气等流体也有密度。

【问题】

水和空气的密度大约是多少（图5-2）？

【提示】

将眼前的1m³的空间充满水，质量有多少千克呢？想一想装满水的500mL矿泉水瓶，它的质量有多少千克。那么，装满空气的瓶子的质量又有多少千克呢？

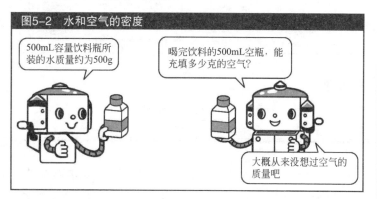

图5-2　水和空气的密度

【解答】

水的密度约为1000kg/m³、空气的密度约为1.29kg/m³。

　　这里取大约值是因为水和空气的密度随温度或者压力的改变而变化。当温度升高时，水或空气就会变轻，这可以根据取暖等日常活动中想象出来。

　　那么，与此相反温度降低时，水或空气的密度就大吗？到底是如何呢！从冰浮在水中漂浮的现象就可以知道，并不能单纯地说温度越低流体的密度越大。

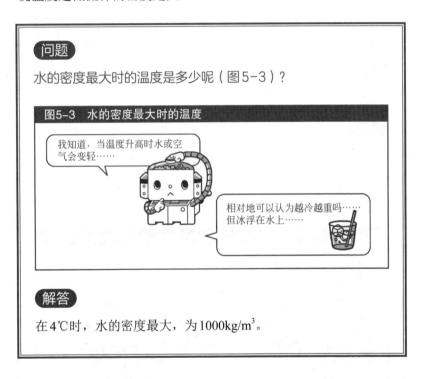

问题

水的密度最大时的温度是多少呢（图5-3）？

图5-3　水的密度最大时的温度

我知道，当温度升高时水或空气会变轻……

相对地可以认为越冷越重吗……但冰浮在水上……

解答

在4℃时，水的密度最大，为1000kg/m³。

　　由此可知，当水温开始低于4℃时，其密度稍微减小，在0℃时的密度为999.8kg/m³。其次，在0℃时，水结冰时其密度为916.8 kg/m³，变得更轻了。温度降低时，即使湖的表面已结冰，冰面下也可能存在未结成冰的水，鱼能在冰下面的水中畅游。这时，可以认为冰下面的水的温度是4℃。

（3）压强

压强是指垂直作用在单位面积（m²）上的压力（N）的值，一般压强以p表示、垂直作用力用F表示、面积用A表示，其关系如下式所示。在此，压强的单位N/m²用Pa表示，称为帕斯卡。

$$压强 \quad p = \frac{F}{A} \quad （Pa）$$

接着，我们考虑流体作用于物体的压强（图5-4）。在距液面的深度为h（m）处，如某物体的上表面的面积为A（m²），则物体上方的流体体积为hA（m³），此时重力垂直作用向下的压力F可以表示为：

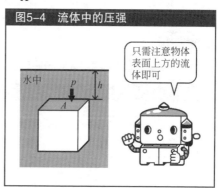

图5-4　流体中的压强

只需注意物体表面上方的流体即可

水中

$$F = \rho g h A \quad （N）$$

式中，ρ为密度，kg/m³；g为重力加速度，m/s²。则将压力F除以物体面积A（m²）后，就可以得到深度为h（m）处的压强p（Pa）。

$$压强 \quad p = \rho g h \quad （Pa）$$

问题

求解在游泳池中潜伏到深度1m时所受的压强。这里，设水的密度为1000kg/m³、重力加速度为9.8m/s²。

解答

将ρ=1000kg/m³、g=9.8m/s²、h=1.0m，代入公式$p=\rho gh$中，得：

$$p = \rho g h = 1000 \times 9.8 \times 1.0 = 9.8 \, （kPa）$$

（4）水压

如同我们在游泳池或海水中潜水时，水中的物体承受的压强称为水压。由压强计算公式$p=\rho gh$可知，水压与水深成正比，水越深水压越大。例如，在水深为6000m的深海，由于要承受6000m海水的压强，在此处存在的物体将会被压缩，甚至于会被压扁。但是，在深海中依然生存着诸如深海鱼类等生物。

(问题)

为什么深海鱼不会被高水压压扁呢（图5-5）？

图5-5　深海鱼为什么不会被压扁

即使水压很大，我也不会被压扁

深海鱼为什么压不扁呢

(解答)

深海鱼之所以不会被压扁，是因为鱼的体内与其外部环境之间没有压力差。物体被压扁是由于物体的内部与外部之间存在压力差时，压力就会从压力大的一方向压力小的一方作用。生存在人类无法生存的深海的生物，由于常年处在这个压力下，其内部压力与外部压力相同，所以不会被压扁。

同样，深海鱼在人类生存的大气压下也是无法生存的。这是因为深海鱼体内压力大于大气压，一旦出水，深海鱼体内的气体膨胀，将使鱼鳔胀破。

（5）大气压

下面，我们了解一下作用于日常生活空间的压力。大气压是指由覆盖在地球上的大气层作用而引发的压力。大气压的值与地点、天气、季节的变化有关，一般来说，气压随高度的增加而减小，晴天大气压比阴天高，冬天比夏天高。国际规定1标准大气压为101.3kPa。这个状态也可以表示为1.0atm或760mmHg。

1个标准大气压=101.3kPa=1.0atm=760mmHg

mmHg是毫米水银柱的缩写，又称为毫米汞柱，是直接用水银柱高度的毫米数表示压强、压力值的单位。意大利的物理学者托里拆利在玻璃管内灌满水银，排除空气，并将其倒插在盛有水银的槽里，确认在玻璃管的上方形成了约760mm的真空，这就是托里拆利真空（图5-6）。

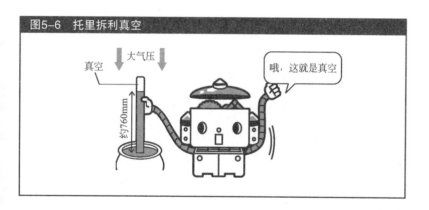

图5-6　托里拆利真空

真空　大气压　约760mm　哦，这就是真空

问题

用长吸管吸饮容器中的饮料时，最大限度地可以用多长的吸管吸入饮料？

解答

试验的结果是6~7m长的吸管可以吸入饮料，但理论上可以吸升到约10.3m。无论水泵的功率多么地大，使水上升的最大极限都是约10.3m（图5-7）。

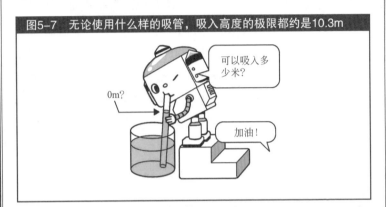

图5-7　无论使用什么样的吸管，吸入高度的极限都约是10.3m

为什么这样呢？这是因为无论抽水时的压力差有多大，使水上升的压力差的极限是形成真空时的压力差。这个压力差用1个大气压的水柱表示就是约10.3m高。

压强可用多种多样的单位表示，可根据情况灵活使用。另外，根据表示压强的基准不同，有绝对压强和相对压强之分。绝对压强是以绝对真空作为基准所表示的压强，相对压强是以大气压强作为基准所表示的压强。

相对压强=绝对压强-大气压强

例如，如果相对压强为0.3MPa，绝对压强就是在其基础上加上101.3kPa，计算如下。

绝对压强=300.0+101.3=401.3（kPa）

5.2 流体力学

（1）浮力

将一物体放置在流体中，物体就会发生浮起或下沉现象，它的区别在哪里呢？让我们了解一下放置在流体中的立方体所受的力（图5-8）。作用在立方体上表面的力为F_1，作用在立方体下表面的力为

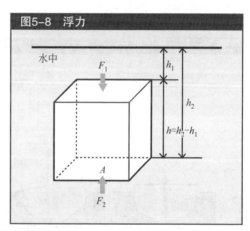

图5-8　浮力

F_2，其大小分别可以用下面两式表示。

$$F_1=\rho gAh_1$$

$$F_2=\rho gAh_2$$

若深度差用$h=h_1-h_2$表示，那么使立方体从下往上作用的浮力为$F_1-F_2=\rho gAh$。Ah相当于立方体物体的体积V，最终可以用下式表示。

$$F_1-F_2=\rho gV$$

即浮力的大小，与物体的体积成正比，与排开流体的密度有关，这就是阿基米德原理。

浮力（N）=物体所排开流体的重量

需要注意的是，这里的重量与力同单位（N），而不是质量*m*（kg）。另外，这个重量一般简称为重，但因为容易造成混乱，所以尽量不要使用重这一简称。

（2）浮力与重力的平衡

在设计船舶时，事先必须充分分析作用在船体上的浮力与重力的平衡问题（图5-9）。

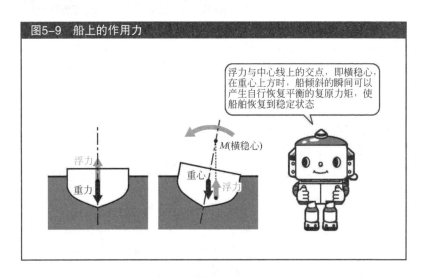

图5-9 船上的作用力

浮力与中心线上的交点，即横稳心，在重心上方时，船倾斜的瞬间可以产生自行恢复平衡的复原力矩，使船舶恢复到稳定状态

铁块不能浮在水面上，但船体可以浮在水面上。这是因为，虽然船体是由比水重的钢铁等材料制造的，但船体内人活动的空间里充满着大量的空气。只要船体沉入水中的体积所排开的水的重量大于船体的重量与船体内部空气的重量之和，船体就可以浮在水面上。

（3）帕斯卡原理

这里有两只横截面积不同的注射器（图5-10），将针取下后，用胶管连接两个注射器，此时注射器内部就会有空气存在。当同时推压两个注射器时，哪个省力容易推动，哪个费力不容易推动呢？

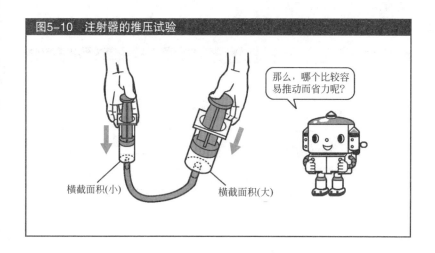

图5-10 注射器的推压试验

那么，哪个比较容易推动而省力呢？

横截面积(小)   横截面积(大)

　　试验后就会发现，横截面小的注射器比较容易推动而省力。由试验结果可知，通过改变注射器的横截面积，就可以使作用在其面积上的压力大小发生变化。给注射器的空气施加一定的压力，必将在另一个注射器上产生相同的压力增量。这是由于流体有流动性，封闭容器中的静止流体的某一部分发生的压强（或压力）变化，将大小不变地向各个方向传递。这就是帕斯卡原理。

（4）压强的关系

　　我们整理一下压强的这种关系。如图5-11所示，用活塞和气缸进行试验。设施加在活塞上的压力为F、横截面积为A、气缸内空气的压强为p，则可以得到下面的关系式。

$$压强 \quad p = \frac{F_1}{A_1} = \frac{F_2}{A_2}$$

将这一公式变换，则有 $F_2 = F_1 \dfrac{A_2}{A_1}$ ，由此可见，压力 F_2 是 F_1 的 $\dfrac{A_2}{A_1}$ 倍。

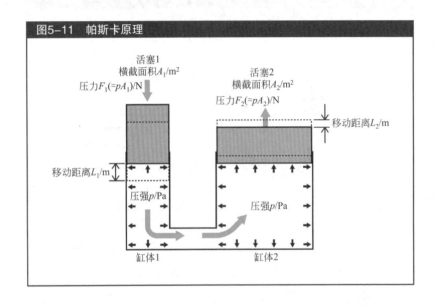

图5-11 帕斯卡原理

活塞1
横截面积 A_1/m^2
压力 $F_1(=pA_1)$/N

活塞2
横截面积 A_2/m^2
压力 $F_2(=pA_2)$/N

移动距离 L_2/m

移动距离 L_1/m

压强 p/Pa

压强 p/Pa

缸体1

缸体2

如果容器内的流体没有被压缩，两个活塞的横截面积 A 乘以移动距离 L 得到的体积 V 应该是相等的，即 $A_1L_1 = A_2L_2$ 的关系成立。

（5）运用在机械设计中的帕斯卡原理

如果帕斯卡原理不成立的话，气球就不会膨胀为球形，车胎内的空气压强就会出现不均匀现象。这些都是理所当然能够想到的事。帕斯卡原理在机械设计中的运用，如同注射器的例子，它的作用就在于改变作用在截面上的压力。

用水压或油压驱动的锻压机以及制动器等机械设备就是利用

帕斯卡原理。从将微弱的压力转变为强大的压力的意义上来说，与杠杆原理相似。

（6）层流与紊流

从这里开始，我们终于要介绍流体的流动了。当要理解水或空气的流动现象时，首先要知道的是其流动性是有规律的还是紊乱的。

打开水龙头，且慢慢地加大水的流量时，仔细观察水流的状态就可以发现，水流较小时，水的流动是透明的，且可以看成是一条线。这是因为水的粒子是有规律地流动，这种现象称为层流。当慢慢地逐渐加大水的流量后，水的流动状态开始凌乱起来，有些小水珠到处飞溅。这种水的粒子的极不规则的流动现象称为紊流（图5-12）。

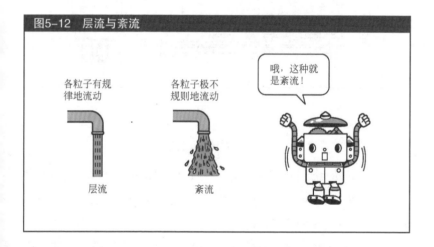

图5-12 层流与紊流

在研究流体的流动时，重要的是掌握层流与紊流之间的关系，如果能将流体流动的紊乱程度用数值表示的话，就会方便很多。

英国物理学家雷诺采用如图5-13所示的实验装置,实现了用雷诺数表示管路中流动流体的运动状态。

雷诺进行的实验是将细玻璃管放置在充满水的水槽中,细玻璃管中有水流动后,再开启红色液体容器的闸门,放出适量红色液体与水一起流动,并观察它的变化。通过观察发现:当细玻璃管中的水流速较小时,红色液体呈直线运动状态,但随着水流速的增大,红色液体由直线运动状态变成波浪形运动状态。

图5-13 雷诺实验

雷诺数(*Re*)的表示方法如下式所示。

$$Re = \frac{\rho v d}{\mu} = \frac{v d}{\nu}$$

式中,ρ 为流体的密度,kg/m³;μ 为流体的动力黏度或动力黏度系数,Pa·s;ν 为流体的运动黏度或运动黏度系数,m²/s;d 为管的内径,m;v 为流速,m/s。

当雷诺数值超过某一数值后,流动就从层流转变为紊流。这一数值称为临界雷诺数,其值约为2320。

（7）连续性法则

在流体的流动中，若流体的各运动要素，如压力、速度和密度，都不随时间而变化，则称为恒定流。若流体的运动要素随时间变化，就称为非恒定流。为将问题适当简化，把管道中液体的流动作为恒定流来处理。

流量是描述液体流动的主要物理量，流量有体积流量和质量流量之分。单位时间内通过某一横截面的流体的流量称为体积流量 Q，单位时间内通过某一横截面的流体的质量则称为质量流量 q（图5-14）。分别如下面的公式所示。

$$\text{体积流量} \quad Q = Av \quad (\text{m}^3/\text{s})$$
$$\text{质量流量} \quad q = \rho Q = \rho Av \quad (\text{kg/s})$$

式中，A 为横截面的面积，m^2；v 为流体的流速，m/s；ρ 为流体的密度，kg/m^3。

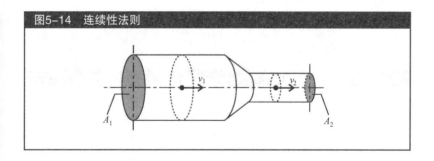

图5-14 连续性法则

下面，让我们考虑一下在流体流动的过程中，管路横截面的面积突然变化时，流量的关系会如何变化呢？以软管浇水为例，当我们挤压软管的出水口端时，即使不用把水龙头开得很大，水也会飞溅得更远（图5-15）。这时，水的流量与流速是如何变化的呢？

图5-15 软管浇水

挤压软管的出水口端，水会飞溅得更远。这是因为水的流速增大

只要没有拧动水龙头，即使挤压软管的出水口端，流量Q也不会变化。但是，由于软管出水口端的挤压动作，使软管出水端的横截面面积A减小了。将这一变化代入体积流量计算公式中，就会知道当流量一定时，软管的横截面面积减小则流速就会变大。

即，在管路任意横截面处的流量不变，表示这一关系的方程称为连续性方程（图5-16）。

连续性方程　　$Q = A_1v_1 = A_2v_2$　　　（m³/s）

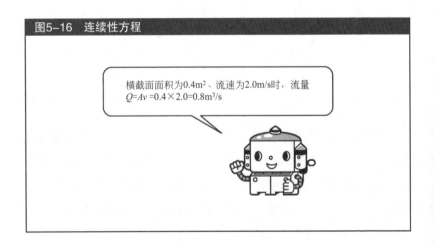

图5-16 连续性方程

横截面面积为0.4m²、流速为2.0m/s时，流量$Q=Av=0.4×2.0=0.8m³/s$

（8）伯努利定理

下面将要介绍的是在流体力学的理论研究中具有代表性的伯努利定理。伯努利定理是用能量的观点来研究流体流动的。如流动的水可以推动水轮机旋转，水由于流动而具有的运动能量称为动能，用公式表示如下：

$$动能 = \frac{1}{2}mv^2 \quad (J)$$

式中，动能的单位是焦耳（J）；m 为流体的质量；v 为流体的运动速度。

其次，水从静止到开始运动必然是由于某些能量推动的，其典型的代表就是水位落差。我们将由于位置或形位而具有的能量称之为势能。设高度为 z（m），则重力势能的计算公式表示如下。

$$重力势能 = mgz \quad (J)$$

式中，m 为流体的质量；g 为重力加速度。

还有，将压缩的液体密封在密封容器之后，一旦开封，压力使流体喷出。这个压力所具有的能量称为压力能，压力能的计算公式表示如下。

$$压力能 = \frac{mp}{\rho} \quad (J)$$

式中，p 为流体的压强，Pa；ρ 为流体的密度，kg/m³。

若是不考虑管路摩擦等对能量的消耗，根据能量守恒定律，流动的流体在任意点上拥有的能量总和是相同的，这被称为伯努利定律，它是研究流体中各种现象的基础。

$$伯努利定律 \quad \frac{1}{2}mv^2 + mgz + \frac{mp}{\rho} = 常量$$

对公式进一步阐述为，流动流体具有动能、重力势能和压力能三种形式的能量，在适合限定条件下三种能量之间可以相互转换，但其总和却保持不变。由伯努利定律可以推断，当重力势能为定值时，流速越快其压力越小，压力越大其流速越慢。

考虑一下，如果向两个靠在一起的气球之间吹气，会发生什么现象（图5-17）。

图5-17　靠在一起的气球实验

向两个靠在一起的气球之间吹气，会发生什么现象？

直观的反应就是气球会被吹跑。但是，实际上吹气后，两个气球不仅没有分开，反而更加靠近。可以用气流对这一现象进行说明，由于吹气使两个气球之间的气流比周围的空气流动速度快，导致两个气球之间的压力下降，周围的高压空气反而流向气球之间。这一现象对于解答飞机为什么可以在空中飞行有着重要的意义。

5.3　与流体有关的机械

（1）飞机

飞机之所以能够飞上天空，是因为机翼受到向上的升力。我们分析一下升力形成的机理。通常飞机的机翼剖面呈现的是一个上缘稍稍向上拱起、下缘基本平直的形状，即上缘的流线比下缘的流线长。

机翼前方的空气被分割成上、下两个部分，各自流向机翼后方，这时各自的流速有什么变化呢（图5-18）？

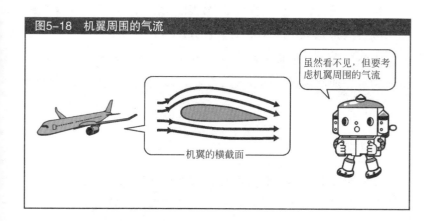

图5-18　机翼周围的气流

虽然看不见，但要考虑机翼周围的气流

机翼的横截面

由于机翼的上缘与下缘的长度不同，若上、下两部分的气流流速相等，则流向机翼下缘的气流将先到达机翼后面。但实际上并非如此，流向机翼上缘的气流速度大这一事实已经得以确认。

即流向机翼上缘的气流与流向机翼下缘的气流产生了速度差。

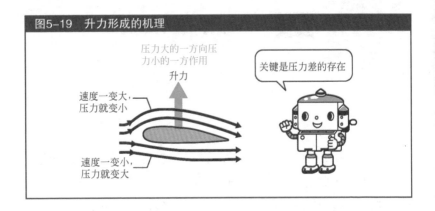

图5-19　升力形成的机理

压力大的一方向压
力小的一方作用

升力

关键是压力差的存在

速度一变大，
压力就变小

速度一变小，
压力就变大

当流动速度有差异时，如同前面所述的气球实验，就会产生压力差。即流向机翼上缘的气流速度大于流向机翼下缘的气流速度，机翼上缘的压力小，机翼下缘的压力大（图5-19）。于是，机翼下缘与机翼上缘之间的压力差就形成了升力。

当然，为了促进机翼周围的气流流动，飞机本身也必须具有推进力。完成此项任务的就是发动机，发动机有螺旋桨式、喷气式等多种类型。

（2）水轮机

水轮机是利用水具有的能量驱动的流体机械。水轮机通过水具有的能量推动水轮机的叶轮旋转获得动力。水轮机主要用于水利发电。虽然现在原子能发电或火力发电成为电力行业的主流，但由于这些系统一旦启动就难以停止。相比之下，水力发电有通过调节水库释放的水量而调节发电量的特点。

水轮机有几种不同类型（图5-20）。弗朗西斯水轮机（也称现代混流式水轮机）利用水流从四周径向流入叶轮，将水所具有的压力能、动能传给水轮机，然后水沿轴向流出叶轮，驱动叶轮回转。佩尔顿水轮机（也称水斗型冲击式水轮机）利用喷嘴将水流所具有的势能转变为高速射流的动能，由喷嘴喷射的高速射流射向固定在叶轮轮缘上的水斗，使叶轮旋转。

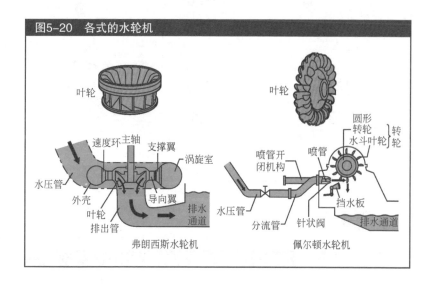

图5-20　各式的水轮机

叶轮　叶轮

速度环主轴　支撑翼

涡旋室

水压管

外壳

叶轮

排出管

导向翼

排水通道

弗朗西斯水轮机

圆形转轮水斗叶轮　转轮

喷管开闭机构　喷管

水压管

分流管　针状阀

挡水板

排水通道

佩尔顿水轮机

（3）风车

风车是一种把风能转变为机械能的流体机械。风车利用风力的能量使叶轮旋转获得动力。风车作为磨面或提水的工具，从古代就开始使用。近年，因为对环境没有污染，作为绿色能源的风力发电系统被广泛使用。

风车有几种不同的类型（图5-21）。旋转轴与接地面成水平的水平轴风车有螺旋桨型或多翼型等。为了提高风车的效率，必须使风轮面对风向。旋转轴与接地面垂直的垂直轴风车有划桨翼型风车、萨沃纽斯型风车等类型。

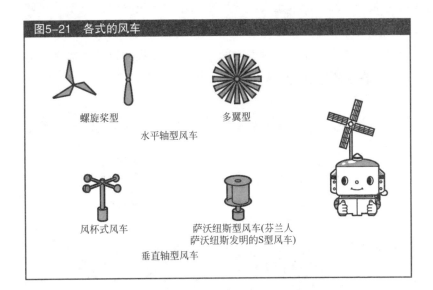

图5-21　各式的风车

螺旋桨型　　　　多翼型

水平轴型风车

风杯式风车　　　萨沃纽斯型风车(芬兰人
　　　　　　　　萨沃纽斯发明的S型风车)

垂直轴型风车

（4）泵

泵是将能量
传递给水或空气
等流体，使流体
能量增加，用来
移动流体或提高
流体压力的流体
机械。离心泵是
依靠叶轮回转形
成离心力将能量
传递给液体，其
作用与水轮机的

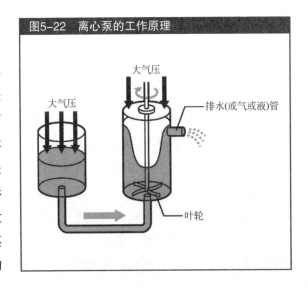

图5-22　离心泵的工作原理

大气压

大气压

排水(或气或液)管

叶轮

作用恰恰相反（图5-22）。

另外，玩具水枪或按压式包装瓶等也是泵的一种，如果研究其原理也是非常有趣的（图5-23）。

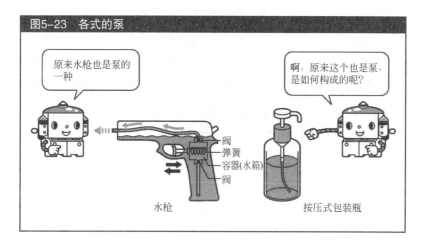

图5-23 各式的泵

（5）油压机与空气压缩机

油压机与空气压缩机也是利用油压或空气压等流体的压力而工作的具有代表性的流体机械（图5-24）。

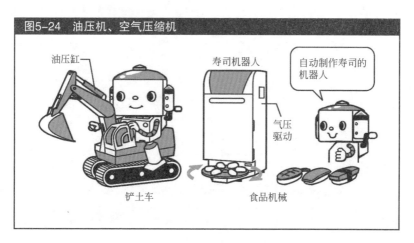

图5-24 油压机、空气压缩机

油压机，有手动控制的油压机，也有控制性能良好的自动控制油压机，例如油压泵、油压马达、油压缸、油压控制阀等。同样的，空气压缩机，有手动控制的空气压缩机，也有控制性能良好的自动控制空气压缩机，例如气缸、气压马达、气动阀等。

就使用压力而言，油压机的压力比较大，有的机型在100MPa的高压下工作，相比之下，空气压缩机最高也只能在1.0MPa下使用。这是因为油与空气的流动性质不同。由于油一泄漏就会造成环境污染或引发火灾，油压机的配管必须严加管理。在使用空气压缩机时，即使在使用过程中有些少许的泄漏，也只是扩散到大气中无污染。由于空气是绿色环保介质，因此在食品机械生产线上广泛使用空气压缩机。

要想更深入地学习掌握本领域的内容，就需要学习流体力学及流体机械相关方面的知识。

第6章

热工机械

　　机动车、飞机等搭载的发动机多数是利用热力驱动的机械装置。因此，正确地认识热能对适当地运用热工机械有密切关系。这里，为了制造热力驱动的机械，要学习热工学和热工机械。

6.1 热的性质

（1）何为热

什么是热呢？热可能是一种想象，那么热究竟是什么呢？相类似的语言有温度，那么温度与热又有什么不同呢？

例如，热是物质吗？如果有人对你说，世上存在着叫热素的元素，物体燃烧的原因就与热素有关，你会相信吗？历史上曾有过将热作为元素考虑的热素论时代，但是，由于将热作为物质考虑会有无法解释的现象存在，当时的科学家们进行了多种意见交流，最终得到了下面的结论。

从宏观的视角分析分子运动，热是可进行物理工作的一种能量的表现形态（图6-1）。即热不是物质，而可以看作是与运动相关的概念。

图6-1　热是能量的一种形态

有人说物体燃烧就是指空气中的氧化反应，或许会让人相信吧！

（2）什么是温度

下面，我们考察一下与热有关系的温度。说起来，温度有没有上限与下限呢（图6-2）？如果将热想象成是分子的运动，就容易解释温度。即分子的运动越剧烈，温度就越高；分子的运动越缓慢，温度就越低。

首先是对于高温而言，若分子有能够运动回转的空间，就可以想象那里的分子运动能剧烈到任意程度。因此，也可以说温度没有上限。但是，在人类至今为止所确认的温度中，可以作为高温的例子，是太阳的中心温度约1500万摄氏度，核聚变的温度约1亿摄氏度。

另一方面，温度的低温（最低下限）已经被界定，约为-273.15℃。即达到这个温度，分子就会停止运动。

温度上限——没有

温度下限——有，-273.15℃=0K

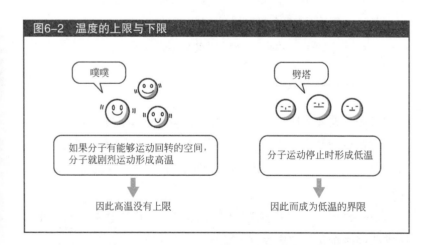

图6-2　温度的上限与下限

噗噗

如果分子有能够运动回转的空间，
分子就剧烈运动形成高温

因此高温没有上限

劈塔

分子运动停止时形成低温

因此而成为低温的界限

像这样，温度可以说是衡量热高低的尺度。另外，作为温度单位虽然广泛使用摄氏温度（℃），但在科学技术领域经常使用绝对温度（K）。绝对温度是将−273.15℃定义为0K，称为绝对零度。两者的关系可用下式表示。

$$绝对温度（K）＝摄氏温度（℃）+273.15$$

即当气温为27℃时，用绝对温度表示，则为27+273=300（K）。

（3）能量

前面阐述过热是能量的一种形态，因此，这里我们就能从能量的角度加以说明。在物理学上，能量的定义是做功的能力，它的形式有动能、势能、电能、原子能或光能等多种。它们的共同点可以说是都用焦耳（J）这个统一的单位来表示。就是说能量通过转换可变换成不同的类型，大多数的机械能都是通过这种能量转换而获得的。

而且，关于能量有能量守恒定律，即使改变了能量的形式，其大小也不会变化。但是，也有因摩擦耗散等造成的能量损失，并不是所有的能量都会转化成人类可以有效利用的形式。因此，这就需要有能量转换效率这个尺度来衡量。

（4）热量与比热容

将温度高的物体与温度低的物体放在一起接触后，热量会从温度高的物体移动到温度低的物体，最后两物体的温度相等，这种现象称为热平衡。保证热平衡形成的定律称为热力学第0定律。

在热传递过程中所转移的能量为热量，而物体温度升高1℃所需要的热量称为热容量（或热容）。热量的单位是焦耳（J），但在营养学等领域大多数都使用卡路里（kcal），1kcal换算后相当于约4.2J，称为热功当量。

其次，热容量的单位是（J/K）。即意味着物体的热容量值越大，一旦加温后，就不易降温（图6-3）。因物质种类或质量差异，热容量具有不同的性质。

图6-3 热容量

石头器具的热容量比较大，一旦加热后就不易冷却

因此，石锅料理吃起来味道鲜美。好厉害！

焦耳做了将热能变换为功的定量实验（图6-4）。在实验中，他用能防止热量耗散的绝热材料制作了容器，用搅拌机搅拌盛在绝热容器内的水。搅拌是通过砝码的下落而做功，从做功的当量和温度的上升之间的关系，能够得到1cal的热量可换算为约4.2J的功。

另外，即使加入同样的热量，因物质不同，温度的上升率也会不同。将1kg物质的温度升高1℃所需的热量称为比热容，单位为J/（g·K）。例如，作为机械材料经常使用的铁的比热容是0.45J/（g·K）、铝的比热容是0.90J/（g·K）。为了减轻重量，将材料由铁变为铝时，与发热相关的现象也会随之变化，需要注意这一点。

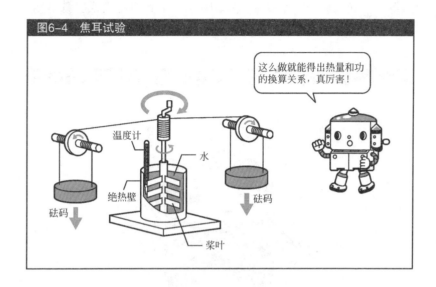

图6-4　焦耳试验

这么做就能得出热量和功的换算关系，真厉害！

温度计

水

绝热壁

砝码

砝码

桨叶

6.2 热力学

（1）波义耳-查理定理

为了科学地使用热能，有必要充分掌握温度 T、体积 V 以及压力 p 之间的关系。

当温度一定时，如果压力一旦增加，体积也增大，这就是波义耳定律。进而，当压力一定时，如果加大温度，体积也膨胀，这就是查理定律。如果将两个定律合并在一起，就形成波义耳-查理定律，就是说气体的压力 p 与体积 V 成反比，与绝对温度 T 成正比（图6-5）。

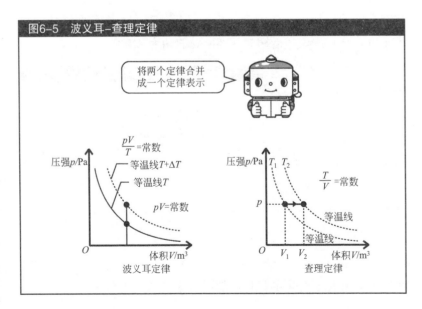

图6-5　波义耳-查理定律

（2）气体的状态方程

波义耳-查理定律与气体物质的量n（mol）成比例，采用摩尔气体常量$R=8.31$J/（mol·K）的计算公式如下所示，这就是理想气体的状态方程。而且，1mol气体中含有$6.02×10^{23}$个气体分子，这被称为阿伏伽德罗常数。另外，1mol气体的体积大约为22.4L，遵守这一状态方程的气体称为理想气体。但是，严格来说遵守这一关系的气体实际上并不存在。

$$pV = nRT$$

$$R = \frac{pV}{nT} = \frac{1.013×10^5 × 22.4×10^{-3}}{1×273.15} = 8.31 \left[J/(mol·K) \right]$$

（3）热力学第一定律

某种气体被密封在如图6-6所示的容器中，如果它从外部吸收的

通过这种计算，可以导出摩尔气体常数啊！

热量为ΔQ，那么气体的内能将随之增加ΔU，这会使气体的温度上升，体积膨胀，活塞对外部所做的功为ΔW。

这就是热力学第一定律，这是热学现象和力学现象同时发生时的能量守恒定律，表明系统从外界吸收的热量等于系统内能的增量与系统对外界

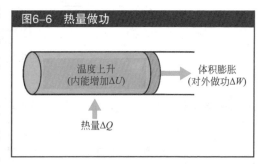

图6-6　热量做功

温度上升（内能增加ΔU）

体积膨胀（对外做功ΔW）

热量ΔQ

做功之和，计算公式如下：

$$\Delta Q = \Delta U + \Delta W \quad （J）$$

$n$mol单原子分子的气体内能用下式表示：

$$U = \frac{3}{2}nRT$$

另外，当气体的压力一定时，气体对外做功的能力用下式表示：

$$W = p\Delta V$$

从热力学第一定律可知，为了使连续输出动力的热工机械工作，必须从外部提供某种形式的能量。换言之，如果无外界提供的某种形式的能量，就不可能制造出能对外做功的热工机械。

过去的科学家认为某种热工机械通过将自身创造的动力的一部分用于作为运转的动力，不需要任何燃料补给，就能不断地对外做功。这类热工机械被称为第一类永动机，遗憾的是被热力学第一定律否定了。

（4）理想气体的状态变化

在波义耳-查理定律和气体状态方程的基础上，将理想气体的状态变化用图表表示，掌握其变化过程。

① 等容过程。

等容过程（图6-7）是保持气体的体积不变，对气体加热时变化的热力学过程。由于气体的体积变化量 $\Delta V=0$，这时的气体对外不做功。于是，根据热力学第一定律可知，气体所吸收的热量全部转化为内能。

② 等压过程。

等压过程（图6-8）是保持气体的压强不变，对气体加热时变化的热力学过程。由于气体的体积变化量 ΔV 增加，这时的气体对外做功。于是，根据热力学第一定律可知，气体所吸收热量的一部分转化为内能，其余部分对外做功。

③ 等温过程。

温度保持不变的气体状态变化称为等温过程（图6-9）。由于

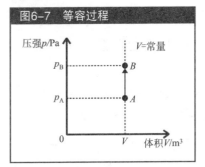

图6-7 等容过程

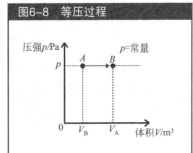

图6-8 等压过程

温度值 T 保持不变，气体状态方程的等式右边为常量，则"pV=常量"的关系式成立。这体现了在等温条件下的压力与体积成反比的关系。

在等温变化过程中，其能量转化有两种方式：其一是外界对系统所做功全部转化为热量而放出的等温压缩，其二是系统所吸收的热量全部转化为对外做功的等温膨胀。

④ 绝热过程。

用绝热材料将系统与外界隔开，使系统在整个过程中始终不与外界进行热量交换的状态称为绝热过程（图6-10）。由于绝热过程中系统从外界吸收的热量 Q 为0，根据热力学第一定律可知，外界对系统所做功全部转化为系统内能的增加。其能量转化有两种方式：一是绝热过程中气体温度上升的绝热压缩，二是绝热过程中气体温度下降的绝热膨胀。

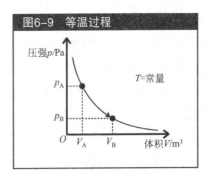

图6-9 等温过程

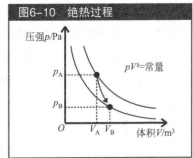

图6-10 绝热过程

（5）热力学第二定律

热力学第一定律是能量守恒原理，表示热量可以转化为功。那么，我们将从低温物体获得的热量转化为功，并将这个功作用到高温物体上使其得到热量，这样做是否可行？

如果这样的事可行，我们就可以制造出从海水中吸取能量，并将其转化为动力制造自行航行的船舶，这类热工机械称为第二类永动机。但非常遗憾的是它被热力学第二定律所否定。换而言之，就是说不可能制造出工作效率为100%的热工机械。

热力学第二定律意味着，热量不会自然地从低温物体向高温物体移动（图6-11）。这是以大量的客观现象归纳的事实为依据，并且也不与日常生活的经验和直观感受相矛盾。就是说，只有热力学第一定律并不能理所当然地表示热量从高温物体向低温物体移动这一日常现象，所以有了热力学第二定律。

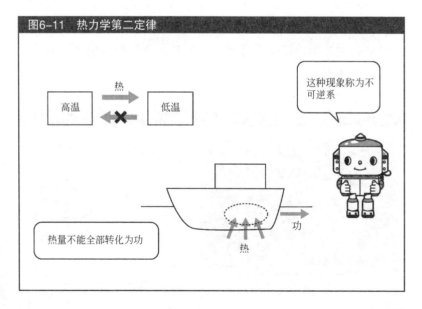

图6-11　热力学第二定律

高温　热　低温

这种现象称为不可逆系

热量不能全部转化为功

功

热

（6）熵

发现热力学第二定律的克劳修斯，为了说明热力学第二定律引入了熵这一概念。熵是在热量转化为功的体系中，热量损失所形成的温度降低量除以绝对温度后所得到的值，标志着热量转化为功的程度，也就意味着能量的有效性。根据能量守恒定律，能量虽然不会消失，但在转化难易程度上有本质区别。

我们也许没有听惯能量品质这样的词汇。不过，电能是优质的能源，用在电动机上能获得动能，用在电加热器上能获得热能，用在电灯上能获得光能，非常容易转换为其他能量形式。电能作为能量容易转化而获取其他能量，这是电力可以支撑我们生活的主要原因。

另一方面，从热量获取动能必须使用下面开始介绍的真正的热工机械，但热能并不是很容易就转化为动能的。与电能的转化效率达到90%以上相比，即使是热工机械中最具代表性的汽油发动机（图6-12）的转化效率也仅达到30%，所产生热量的大部分被释放到空气中，无法有效利用。为此，热能作为低级能源，曾被称为能量的墓场。

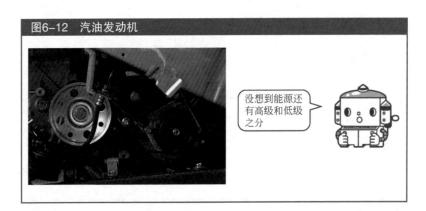

图6-12　汽油发动机

没想到能源还有高级和低级之分

6.3 利用热能运转的机械

（1）卡诺循环

在热力学这一学科建立之前，人们就尝试着进行利用热能驱动机械运转的研究工作。为了开发效率更高的热工机械，于是有了将热能的状态变化定量化分析的必要性，这种定量化分析对热工学有巨大的贡献。

卡诺1824年提出的卡诺循环在研究热工机械时是重要的基本循环。这一循环由下面四个状态变化过程组成（图6-13）。

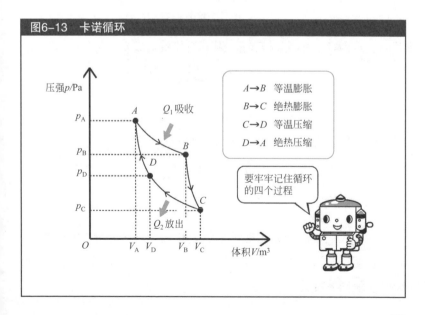

图6-13 卡诺循环

$A \rightarrow B$ 等温膨胀

$B \rightarrow C$ 绝热膨胀

$C \rightarrow D$ 等温压缩

$D \rightarrow A$ 绝热压缩

Q_1 吸收

Q_2 放出

要牢牢记住循环的四个过程

压强p/Pa

体积V/m³

① 等温膨胀：$A \rightarrow B$。

在等温膨胀过程中，理想气体从高温热源 T_1 吸收热量 Q_1，保持温度 T_1 不变，进行等温膨胀。这时，气体吸收的热量 Q_1 膨胀，全部转化为对外做功。

② 绝热膨胀：$B \rightarrow C$。

在此过程中，气体消耗本身具有的内能，进行绝热膨胀，对外做功。由于气体在没有从外界吸收热量的状态下进行膨胀，所以温度从 T_1 下降到 T_2。

③ 等温压缩：$C \rightarrow D$。

在此过程中，气体向低温热源 T_2 释放出热量 Q_2，保持温度 T_2 不变，进行等温压缩。这时，外界对气体做功。

④ 绝热压缩：$D \rightarrow A$。

在此过程中，气体被压缩，其温度从低温热源 T_2 上升到高温热源 T_1。这时，外界对气体做功。

在卡诺循环中，设高温热源的热量为 Q_1、温度为 T_1，低温热源的热量为 Q_2、温度为 T_2 时，则下列关系式成立。

$$\frac{Q_2}{Q_1} = \frac{T_2}{T_1}$$

其次，热效率 η 是表示热工机械从高温热源获得的热能中有多少能转化为有效功的物理量，可以用下式表示。

$$\eta = \frac{Q_1}{W} \times 100\%$$

（2）蒸汽机

很早人们就广泛知道热能能够转化为功。公元前 120 年前后，希罗发明了蒸汽转球（图6-14），通过球体两端向相反方向喷射水蒸气，使球体旋转。

图6-14 蒸汽转球

哦，原来这样的结构能使汽轮机旋转啊！

在距此事很久之后，工业蒸汽机才登上历史的舞台。在1700年左右，纽科门发明了能进行直线往复运动的蒸汽机（图6-15），将沸腾的水产生的蒸汽接到气缸，从而推动活塞运动，然后，向气缸喷水使蒸汽被冷却，使活塞回复到原来位置。

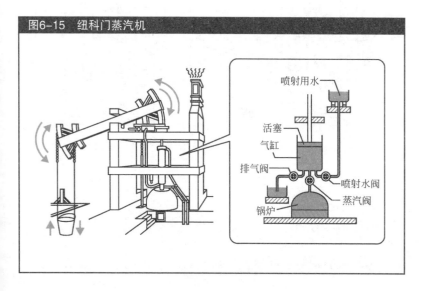

图6-15 纽科门蒸汽机

喷射用水

活塞

气缸

排气阀

喷射水阀

蒸汽阀

锅炉

纽科门蒸汽机，主要用于矿山排水使用，需要100多台。但是，由于当时还没有正规的温度计和压力计，向气缸输入蒸汽的锅炉阀门启闭操作困难，于是爆炸事故非常多。此外，当时能够进行加工的机械设备也不具备精密加工技术，导致活塞和气缸之间的缝隙较大，蒸汽从此处泄漏，致使热效率仅仅只有1%。

瓦特认为，纽科门蒸汽机效率低下的原因是为实现往复运动而向高温的气缸洒水使其冷却。于是，瓦特将气缸内的水蒸气导入到与气缸稍有距离的凝汽器中，将汽轮机排汽冷凝成水（图6-16）。通过这项改良，气缸能长时间保持在高温状态，大幅降低了燃料消耗。

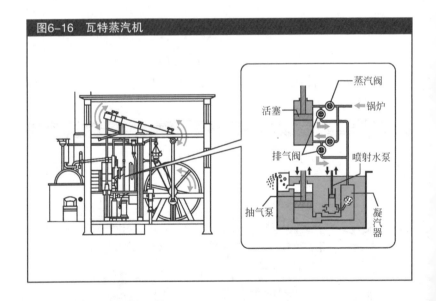

图6-16 瓦特蒸汽机

（3）汽油发动机

蒸汽机的发明，对18世纪后半期始于英国的工业革命起到了

巨大的推动作用。当初作为工厂动力源的蒸汽机，其用途被扩展
到作为蒸汽机车或蒸汽船等交通工具的动力使用。

　　曾经制造过利用蒸汽驱动的汽车。但是，由于奔驰以及戴姆
勒在1885年左右发明了以汽油为燃料的热工机械，即汽油发动机
（图6-17），其性能各方面都优于蒸汽机，于是使用汽油发动机的
汽车成为了主流。

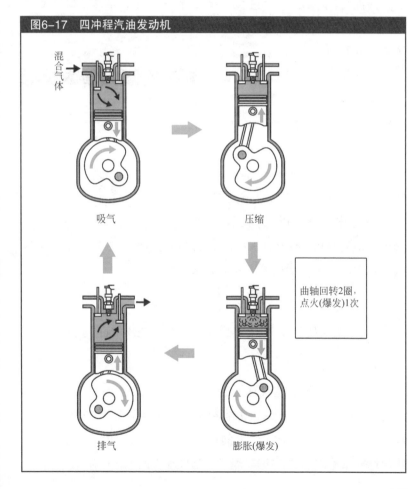

图6-17　四冲程汽油发动机

混合气体

吸气　　　　　　　　　压缩

曲轴回转2圈，
点火(爆发)1次

排气　　　　　　　　　膨胀(爆发)

由于蒸汽机使用像锅炉等那样的外部热源加热热工机械的本体，故称为外燃机。与此相反的，汽油发动机是在热工机械的内部燃烧燃料获取动力，被称为内燃机。就是说，由于内燃机的热工机械与热源是一体的，它具有外形尺寸小但输出功率大的特点。下面，介绍几种汽油发动机。

① 四冲程汽油发动机。

四冲程汽油发动机是指在一个工作循环中，活塞连续进行进气、压缩、膨胀和排气四行程的热工机械。多数的机动车都采用了四冲程汽油发动机。

发动机性能的评价指标有排气量和压缩比。排气量是指气缸内径与活塞行程的乘积，单位用 cm^3 表示，有时也称为行程容积（图6-18）。另外，有四个活塞的四气缸发动机的总排气量就是单一气缸的排气量乘以4。表示发动机大小的1600cm^3或2000cm^3等就是指总排气量，发动机的总排气量越大，表示发动机输出的动力越大。

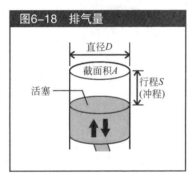

图6-18　排气量

$$排气量\ V_s = \frac{\pi}{4}D^2 S \quad (cm^3)$$

$$总排气量\ V = zV_s = z\frac{\pi}{4}D^2 S = \frac{\pi}{4}D^2 Sz \quad (cm^3)$$

式中，z 为气缸数。

还有，当活塞到达气缸的上止点时，在上止点的上部空间会有混合气体被密闭其中。这部分容积称为压缩容积或燃烧室容积，行程容积与压缩容积之和是气缸的总容积，气缸总容积与压缩容积的比值称为压缩比（图6-19）。通常汽油发动机的压缩比在10左右。

图6-19 压缩比

将混合气体压缩到什么程度呢

下死点 上死点

$$压缩比\ \varepsilon = \frac{V_{\mathrm{s}} + V_{\mathrm{c}}}{V_{\mathrm{c}}} = \frac{V_{\mathrm{s}}}{V_{\mathrm{c}}} + 1$$

式中，V_{c}为压缩容积，cm^3；V_{s}为行程容积，cm^3。

② 二冲程发动机。

二冲程发动机（图6-20）在一个工作循环中要进行两个行程，即在活塞上升期间完成混合气体的吸入和压缩两个动作的行程，以及在点燃混合气后的燃气膨胀推动活塞下移过程中进行排气的行程，尤其是混合燃气燃烧后的排除废气称为扫气过程。

与四冲程发动机相比，二冲程发动机对燃料的燃烧效率低、振动较大，因此，现在的机动车大多数都不采用二冲程发动机，二冲程发动机主要用于摩托车或小型游艇。

（4）柴油发动机

柴油发动机（图6-21）的点火方式与汽油发动机的火花塞点火方式不同，它是向燃烧室内经压缩而形成高温的压缩空气喷射柴油燃料，使喷射到燃烧室内的柴油自燃。因此，与汽油发动机相比，柴油发动机一般来说具有结构简单、热效率高、燃料成本低的优点，但噪声大、振动响应幅值高也是

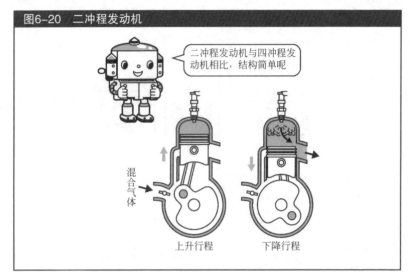

图6-20 二冲程发动机

二冲程发动机与四冲程发动机相比，结构简单呢

混合气体

上升行程　下降行程

它的缺点。所以，柴油发动机多用于大型卡车或公共汽车等，在日本通常使用比汽油便宜的柴油。

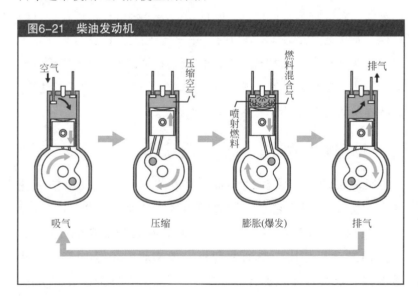

图6-21 柴油发动机

空气　压缩空气　燃料混合气　排气

喷射燃料

吸气　压缩　膨胀(爆发)　排气

柴油发动机也与汽油发动机相同，有由进气、压缩、膨胀及排气四行程构成的四冲程柴油发动机和由活塞上升及下降两个行程构成的二冲程柴油发动机。

（5）燃气涡轮发动机

燃气涡轮发动机（或称燃气轮机）是指将气体作为工作流体的涡轮形式的内燃机（图6-22）。燃气涡轮发动机与汽油发动机或柴油发动机等在密封容积内进行燃烧的方式不同，它是将工作流体热能通过喷嘴转换为动能，推动涡轮旋转获得动力的。这种结构与汽油发动机将发动机的燃料爆发力通过曲轴机构转化成旋转运动相比，获得动力的方法简单很多。为此，燃气涡轮发动机虽然重量轻和体积小，但仍然能够输出巨大的动力。

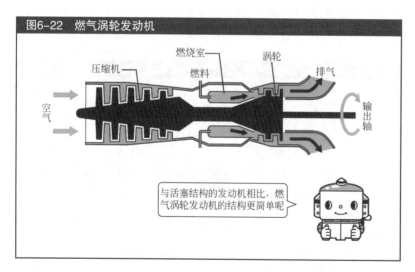

图6-22 燃气涡轮发动机

与活塞结构的发动机相比，燃气涡轮发动机的结构更简单呢

燃气涡轮发动机有一种类型是喷气发动机（图6-23）。喷气发动机是一种通过加速和排出的高速流体做功的热工机械，通过燃料燃烧时产生的气体高速喷射而产生动力。

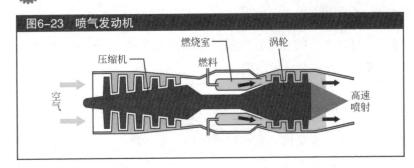

图6-23 喷气发动机

压缩机 燃烧室 涡轮 燃料 空气 高速喷射

作为航空航天用的发动机而发展起来的燃气涡轮发动机，其使用范围已经扩展到工厂或大楼等备用电力的发电机。其工作原理是通过气体燃烧燃气产生的动力驱动发电机旋转而发电。

燃气涡轮发动机是在高温状态下运行的设备，其排出的高温废气也带有较多热量。如果利用余热回收锅炉回收燃气涡轮发动机的高温废弃排气，将实现热量和电力的同时供给，这种热电联产系统的用途已经备受瞩目（图6-24）。

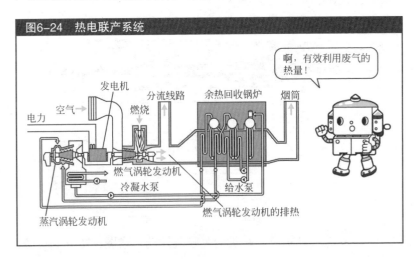

图6-24 热电联产系统

啊，有效利用废气的热量！

发电机 分流线路 余热回收锅炉 烟筒 电力 空气 燃烧 燃气涡轮发动机 冷凝水泵 给水泵 蒸汽涡轮发动机 燃气涡轮发动机的排热

要想更深入地掌握本领域的内容，可以学习热力学和热机方面的知识。

第7章

机械用传感器与执行元件

　　现代的大多数机械都是利用电力驱动的。为了使机械灵活地运转，需要有犹如人类五官一样作用的传感器和犹如人类手足一样作用的执行元件。本章主要学习机械运转所需要的传感器与执行元件等电气元件的使用方法。

7.1 开关和传感器

（1）何为开关

开关是控制电气回路启闭的电气元件。通常是用ON-OFF来进行切换，在控制电动机正转/停止/反转三个动作的场合，也有用ON-OFF-ON来进行切换的。由于规定了开关接通时所允许通过的最大电气参数（额定电压、额定电流等），必须注意通过开关的电流不能超过额定电流。选择合适的开关对于机械的安全运行是十分重要的（图7-1）。

图7-1 开关

为了使机械运转，选择开关也是很重要的

ON-OFF的切换是开关的基本动作

（2）开关的类型

根据开关的结构特征进行分类，开关可以分为按压式和滑板式两大类，由此还可以进一步细分。下面，介绍一些典型的开关（图7-2、图7-3）。

①按钮开关。

通常使用的接触部位是圆柱形或立方体状的按钮就是按钮开关。按钮开关有如同蜂鸣器那样按下按钮时持续保持ON的类型，像公交车的乘降车门按钮那样按下的瞬间保持ON的类型等。

②拨动开关。

拨动开关是在拨动式开关上安装板状的外壳零件，扩大接触面积的开关。有的在开关内部埋入发光二极管，开关ON状态时会发光。

③接触开关。

这是在5mm左右的树脂件的中心有ON-OFF按钮的小型开关。这种小型开关的操作就像点击计算机鼠标的感觉。

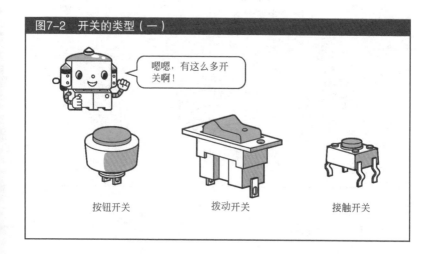

图7-2　开关的类型（一）

嗯嗯，有这么多开关啊！

按钮开关　　　　　拨动开关　　　　　接触开关

④钮子开关。

钮子开关是通过操作扳柄来切换开关的ON与OFF的位置。

钮子开关不仅有ON-OFF的类型，还有ON-OFF-ON、ON-ON等类型。因此，其使用范围非常广泛。

⑤滑动开关。

滑动开关是通过开关手柄的直线滑动达到切换电路状态的开关。滑动开关不仅有ON-OFF的类型，还有带中立点的ON-OFF-ON类型。因此，使用范围非常广泛。

⑥旋转式开关。

旋转式开关是使操作部分做旋转运动，在旋转过程中接触到多个接触点的开关。与大多数都具有两个接触点的常用的开关相比，旋转开关可将多个接触点紧凑地集中在模板中。

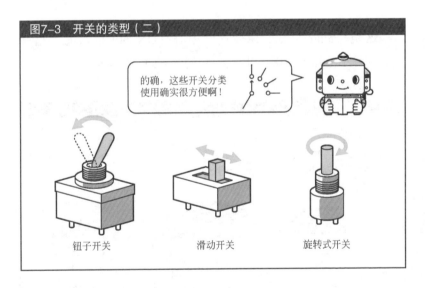

图7-3 开关的类型（二）

的确，这些开关分类使用确实很方便啊！

钮子开关　　　　　滑动开关　　　　　旋转开关

（3）何为传感器

传感器是机械或机器人能够感受外界的状况并自我判断而行动的必不可少的装置。人类通过五官所具有的视觉、听觉、触觉、味觉、嗅觉等来感知外界，与之对应的传感器也有光传感器或声音传感器等。如果将传感器分为外部传感器和内部传感器的话，外部传感器就是能够感知五感的传感器；而内部传感器就是通过机械或机器人内部状态感知其位置与姿势、速度与加速度等状态的传感器（图7-4）。

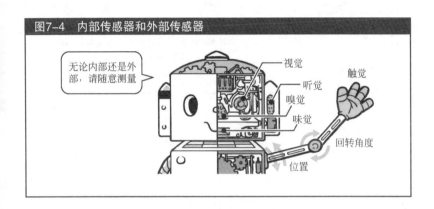

图7-4　内部传感器和外部传感器

（4）传感器的类型

① 微动开关。

微动开关是指通过接触点的启闭可以检测出物体的有无或位置的开关（图7-5）。其作为触觉传感器被应用于机器人上。

图7-5　微动开关

② 光电传感器。

光电传感器是将光转换为电信号的传感器（图7-6）。光电传感器通过发光器和收光器装置，能够快速地检测出非接触物体的有无或接近。因为光电传感器是通过物体表面的光反射或遮光进行检测的，所以可以检测出金属或塑料等几乎所有的物质。

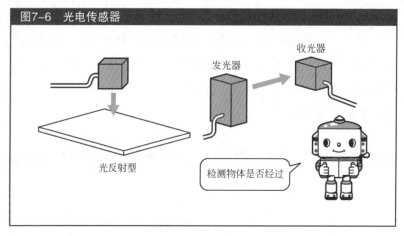

图7-6　光电传感器

发光器

收光器

光反射型

检测物体是否经过

③ 电感式接近传感器。

电感式接近传感器是通过电磁感应等检测出物体的接近并将其转换为电信号的传感器（图7-7）。电感式接近传感器与光电传感器一样，能够快速地检测出非接触的物体。

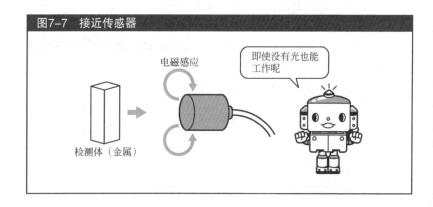

图7-7　接近传感器

电磁感应

即使没有光也能工作呢

检测体（金属）

④ 压力传感器。

压力传感器是将压力转换为电信号的传感器（图7-8）。在选择传感器时，需要明确待测物是液体还是气体，检测压力范围与电压量程范围等。另外，压力传感器有以真空为基准的绝对压力式和以大气压为基准的压力差式。所以，选择压力传感器时，要有相应的流体方面的知识。

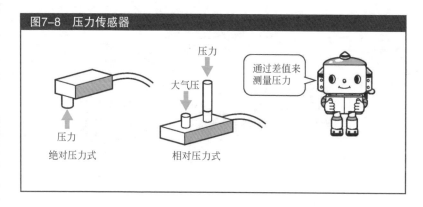

图7-8 压力传感器

⑤ 温度传感器。

温度传感器是将温度转换为电信号的传感器（图7-9）。选择温度传感器时，需要分析待测物体的温度量程和敏感度等。另外，因为温度有摄氏温度（℃）和绝对温度（K），选择温度传感器时，要有相应的热力学方面的知识。

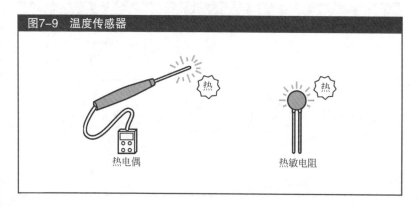

图7-9 温度传感器

⑥ 电位计。

电位计是将角位移或直线位移转换为电信号的传感器（图7-10）。电位计有旋转式和直线式。旋转式电位计用于检测角位移，直线式电位计用于检测直线位移。

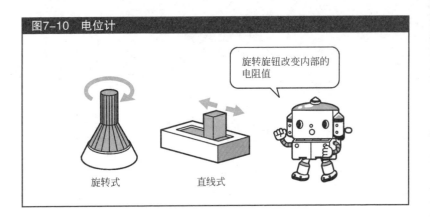

图7-10　电位计

旋转旋钮改变内部的电阻值

旋转式　　　　　直线式

⑦ 编码器。

编码器是将角位移或直线位移转换为电信号的传感器（图7-11）。电位计是将检测结果转换成模拟信号输出，而编码器将检测结果转换成数字信号输出，所以编码器也可以作为计数器使用。

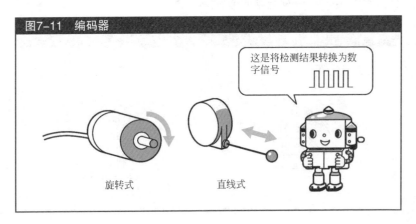

图7-11　编码器

这是将检测结果转换为数字信号

旋转式　　　　　直线式

⑧ 加速度传感器。

加速度传感器是将物体的加速度转换为电信号的传感器（图7-12）。基于物体的运动定律，可以测量对弹簧施加加速度作用时的位移响应，也有用一个传感器能测量空间三个坐标轴（X轴、Y轴、Z轴）的三维加速度传感器。由于加速度是向量值，所以通过求解三坐标轴的加速度向量，就能够测量相对地面的姿态（倾斜角度）。

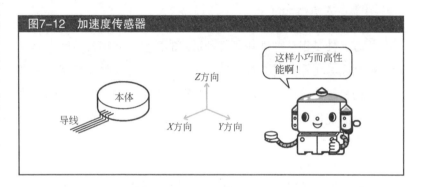

图7-12　加速度传感器

⑨ 角速度传感器。

角速度传感器是将单位时间内角度的变化量即角速度转换为电信号的传感器（图7-13）。因为通过检测角速度，能够正确地测量物体的各种运动状态，所以被应用于照相机的防抖校正功能中。

图7-13　角速度传感器

7.2 执行元件

（1）何为执行元件

执行元件是指从外部获取某种形式的能量，并将其转换成旋转运动或直线运动等机械能的装置（图7-14）。执行元件能够将传感器输入的信号经计算机处理转换成相当于人的手脚的动作。执行元件根据使用的能量不同，能分成电动执行元件、气动执行元件、液压执行元件等类型。另外，作为动作的输出量有力、位移、速度等。

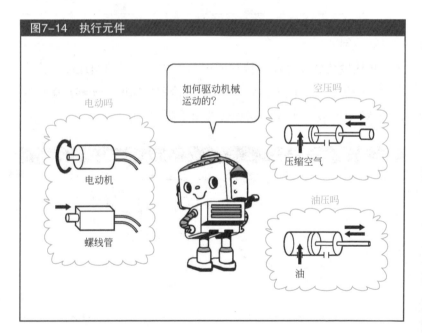

图7-14　执行元件

（2）执行元件的类型

① 电动机。

电动机是利用电磁力驱动电动机转子回转的，是利用电能驱动执行元件的典型代表。电动机有多种不同的类型。电动机的典型特征是启动/停止、加速/减速容易控制，输出转矩或旋转速度范围广，计算机控制方便等。

② 直流电动机。

直流电动机是通过电池或直流电源等供给直流电（DC）而旋转的电机。实际选型时需要参考电动机的额定电压（V）、额定电流（A）、额定功率（W）、额定转矩（N·m）、额定转速（r/min）等。

通常情况下，电流、转矩、转速、输出功率之间的关系如图7-15所示。

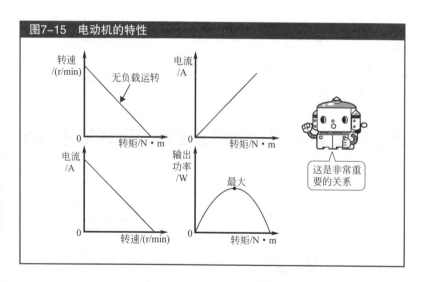

图7-15 电动机的特性

关于转矩与转速的关系问题，是无法精确地求出所使用的电动机可承受的载荷的。但是，电动机输出轴上的输出转矩是非常容易求出的。电动机输出轴上的输出转矩T等于负载力F乘以滑轮半径r（图7-16）。

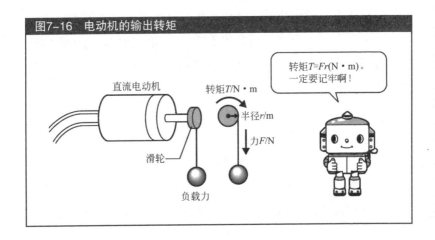

图7-16 电动机的输出转矩

直流电动机

转矩T/N·m

半径r/m

力F/N

滑轮

负载力

转矩$T=Fr$(N·m)。一定要记牢啊！

电动机的特性如前面所述，转矩与转速成反比关系。通常情况下，电动机的转速越大，其转矩越小。为此，如果想使电动机输出转矩大，可以在输出轴上安装齿轮组合而成的齿轮减速器（图7-17）。

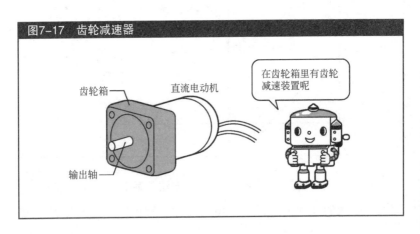

图7-17 齿轮减速器

齿轮箱

直流电动机

输出轴

在齿轮箱里有齿轮减速装置呢

③ 交流电动机。

交流电动机是使用电流和电压都随时间变化的交流电（AC）而运转的电动机（图7-18），电流和电压是由家用插座或工厂的插座供给的。交流有单相交流电和三相交流电之分。家里常用的是单相交流电，工厂常用的是三相交流电。三相交流电有每一相输送的电力功率大的特点。交流电动机根据启动方式的不同，可以进一步细分为感应电动机与同步电动机。

感应电动机是转子按照定子形成的磁场旋转的电动机。同步电动机是转子按照电源周期形成的磁场以相同的速度旋转的电动机。

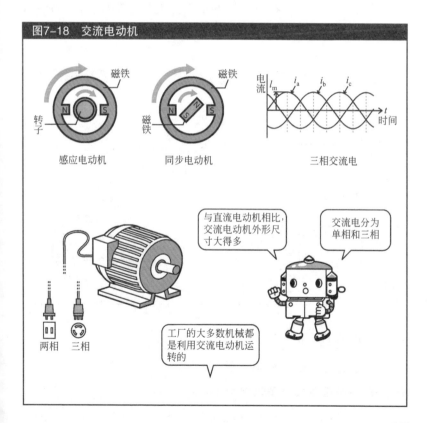

图7-18　交流电动机

④ 伺服电动机。

伺服电动机是用于将物体位置、姿态、速度等信息作为输出控制量，与输入目标（或给定）值进行比较的伺服机构的电动机。伺服电动机通过编码器检测出回转轴的角位移和角速度，通过反馈控制来确定位置。另外，伺服具有服侍之意，表示可按照预定规律进行控制。直流伺服电动机用来进行电压控制，交流伺服电动机通过换流器进行频率控制从而控制电动机的转速。

近年来，机器人制造中使用较多的RC伺服电动机（图7-19）是将小型DC电动机和齿轮减速器、编码器以及电子回路等高密度集中而制成的。这种电动机的重点并不是保持连续回转使用，而是在300°左右的可移动范围内输出转矩。

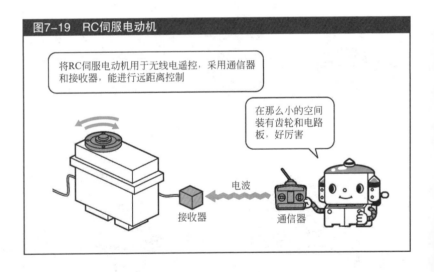

图7-19　RC伺服电动机

将RC伺服电动机用于无线电遥控，采用通信器和接收器，能进行远距离控制

在那么小的空间装有齿轮和电路板，好厉害

电波

接收器　　通信器

⑤ 步进电动机。

步进电动机是一种将电脉冲转化为角位移的执行机构（图7-20）。当步进电动机接收到一个脉冲信号时，就按设定的方向转

动一个固定的角度。这个固定角度称为步距角，步距角越小，电动机的位置精度就越高。虽然步进电动机有需要能产生并发射脉冲信号的装置的缺点，但它具有精确定位的优点。

步进电动机无法像伺服电动机那样具有高转速和高转矩，但因价格便宜、定位精度高等，多用于像打印机、复印机等贴近生活的家用电器中。

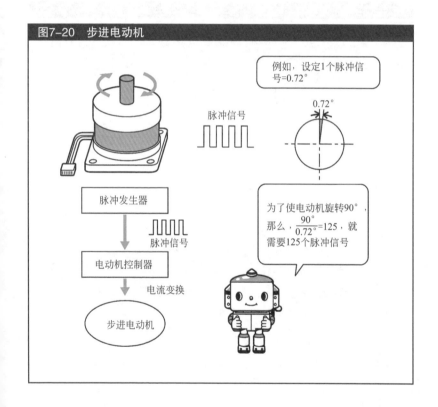

图7-20 步进电动机

⑥ 螺线管。

螺线管是利用给带有电磁铁芯的线圈施加电流而产生电磁力从而形成吸引力的执行元件（图7-21）。由于螺线管的行程较小而反应迅速，被广泛地应用于家用电器和汽车行业。

　　螺线管有直流螺线管和交流螺线管两种，其中，交流螺线管具有吸引力大、行程长以及启动快的特点。另外，螺线管根据可动件的结构可分为推动型螺线管、拉动型螺线管、推拉型螺线管等。

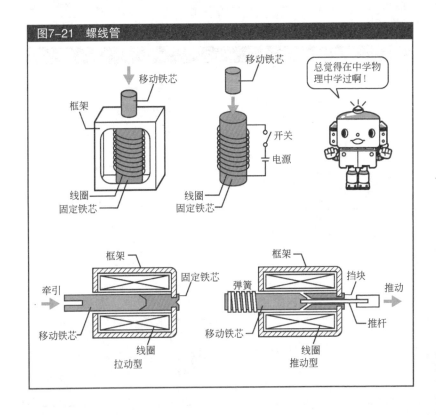

图7-21　螺线管

　　⑦ 电磁阀。

　　电磁阀是由电磁铁与阀门的开闭机构组合而成的执行元件（图7-22）。电磁阀同利用电磁力运作的螺线管的工作原理一样，但电磁阀是通过阀门的快速启闭，来进行气体与液体等流体的流动方向控制的。电磁阀根据流体的流动管路通道数、管径以及操作方法的不同，分为多种类型。

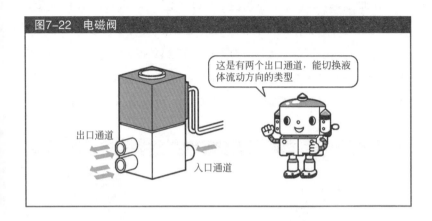

图7-22　电磁阀

这是有两个出口通道，能切换液体流动方向的类型

根据流体入口和出口的通道数，电磁阀分为三通电磁阀和五通电磁阀（图7-23）。

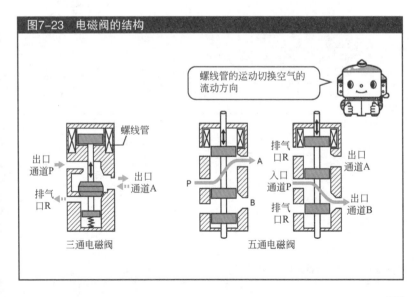

图7-23　电磁阀的结构

螺线管的运动切换空气的流动方向

螺线管

出口通道P

出口通道A

排气口R

三通电磁阀

A

P

B

排气口R

入口通道P

排气口R

出口通道A

出口通道B

五通电磁阀

三通电磁阀通过螺线管的ON-OFF切换电磁阀的三个通道。三通电磁阀用于工作流体只有一个入口通道的单动型气缸。

五通电磁阀通过螺线管的ON-OFF切换电磁阀的五个通道。五通电磁阀用于工作流体有两个入口通道的双动型气缸。

通常当电磁阀接收到额定电压（DC24V等）时，对阀的启闭进行ON-OFF的状态控制。与此相比，比例控制阀是根据接收到的电压大小成比例地控制阀门的开关程度的电磁阀（图7-24）。

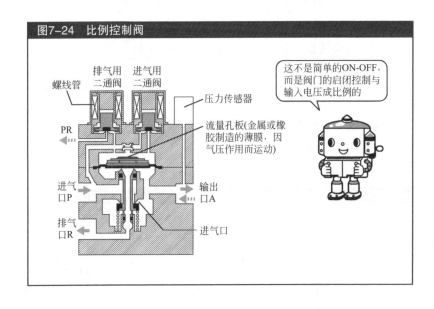

图7-24　比例控制阀

排气用二通阀　进气用二通阀

螺线管

压力传感器

PR

流量孔板(金属或橡胶制造的薄膜，因气压作用而运动)

进气口P

输出口A

排气口R

进气口

这不是简单的ON-OFF，而是阀门的启闭控制与输入电压成比例的

7.3　模拟量的输入输出

（1）模拟量与数字量

当大家听到模拟量与数字量时，会联想到什么呢？你或许会有模拟量历史久远、性能差，数字量新颖而性能好的这一印象吧。确实，在日常生活上会有这种概念，但是，本文中所涉及的模拟量与数字量并没有这种含义。

对于模拟量与数字量的不同，科学上最先提出的差异在于曲线连续（模拟量）还是不连续（数字量），有时也称为连续量或不连续量。换一句话说，如果用图表分别表示，模拟量呈现的是一条连续的线，数字量则呈现的是台阶型参差不齐的不连续的线（图7-25）。

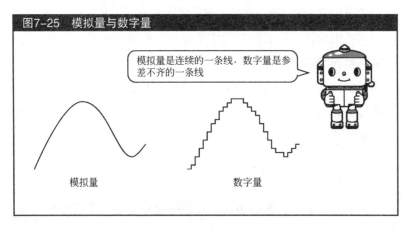

图7-25　模拟量与数字量

模拟量是连续的一条线，数字量是参差不齐的一条线

模拟量　　　　　　　　数字量

在我们周围的自然界中存在的长度、温度或声音等物理量是连续变化的模拟量。由于模拟量是连续的，所以准确地测量某点的数值是非常困难的。因为连续的模拟量具有无限长度的位数，所以用有限长度的位数来测量或表示是无法实现的（图7-26）。

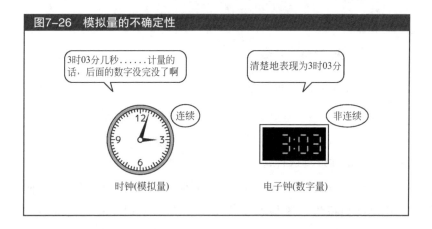

图7-26　模拟量的不确定性

通常通过读取标尺或温度计等工具的刻度来测量能满足需要，但是，在科学技术领域中进行测量或控制时，就需要将模拟量输入计算机进行计算等操作。在这种情况下，计算机是无法读取不确定的模拟量的。

这是因为计算机处理的数字量信息，都是用0或1组合构成的二进制数据表示的。于是，就有了将连续的严密的难区分的模拟量在设定好的一定的数值范围内转换为参差不齐的数字量的必要。这样转换后得到的非连续的数字量就可以用有限位数的数值表现其真实的数值。

（2）模拟量输入和传感器

我们通过五官获得的感觉信息都是模拟量。视觉获得的光量、听觉获得的音量、触觉获得的压力或温度、味觉获得的甜度或辣度等，这些外界的刺激都是以模拟量的形式输送到大脑的。要说为什么必须将这些模拟量的信息特意地转换为数字量，这是因为要使用计算机进行测量和控制，而计算机只能接受0或1表示的二进制数字信息，不转换成数字信息，计算机就不能获取数据。而且，一旦转换成数字信息，数据的记录与运算都容易实现。其次，数字化的数据具有紧凑并可记录大量信息以及数据丢失少等优点。A/D转换就是模拟量转换为数字量的过程。

在科学技术领域的测量和控制中，为了将这些模拟信号以数字信号的形式读取，需要使用各种类型的传感器（图7-27）。从传感器中引入的模拟信号被转换为数字信号后，通过A/D转换器的输入口录入电脑中。

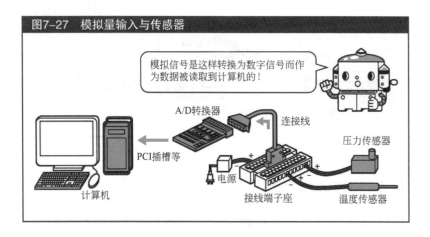

图7-27　模拟量输入与传感器

（3）模拟量输出和执行元件

模拟量输出是指与A/D转换的作用相反，将数字量信号转换成模拟量信号的D/A转换，即通过D/A转换器将离散的数字信号波形转换为模拟信号波形从而输出。被D/A转换器转换后的模拟信号，有时会在使用测量器具测量后立即结束，但大多数是转换为电气信号后，连接到电动机或电动阀等驱动机械运动的执行元件，用于驱动各种机械的运动（图7-28）。总之，如同传感器对应于人类的五官，执行元件就相当于人类的手脚。

人们要求执行元件具有体积小、输出功率大、定位迅速、节能以及寿命长等特点。因为大多数的执行元件是与计算机结合使用的，所以利用电气信号可以进行高水平的控制。

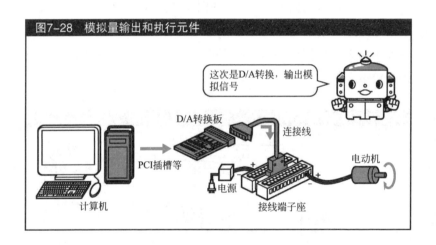

图7-28　模拟量输出和执行元件

（4）计数输入

计数输入并不像模拟量输入电压值那样输入，而是通过计量脉冲的数量进行计数输入（图7-29）。所使用的传感器有测量角位移时的旋转编码器、测量直线位移时的线性编码器等。被读入的计数值可以进行加法或减法等运算处理，利用程序可以设定如果计数到1000时能够开始下一个动作或停止。另外，为了检测旋转的角位移，计数输入有能够区分正转、反转的加法计数和减法计数的功能。

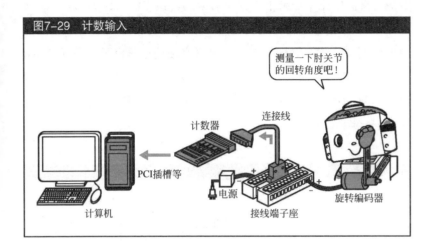

图7-29　计数输入

基本上，A/D转换器、D/A转换器、计数器本来都是不同的产品，但也将A/D、D/A转换功能在一个转换器上实现的转换器，更有在此基础上兼备计数功能的产品。

（5）模拟量输入输出装置的设计

为了进行测量与控制，在设计模拟量输入输出装置时，首先要准备必要的A/D转换器与D/A转换器。转换器插入PCI插槽或卡槽，从这里通过电缆连接到接线端子座。

接线端子座是电缆和各导线的转接端，方便导线的连接。输入口和输出口能够使用端口数因转换器而有所不同，需要准备有适当端口数的转换器。

其次，选定适当的传感器和执行元件。这需要掌握它们各自的工作电压是多少，传感器的测量量程为多少到多少（在此之后，需要换算为各传感器的物理量，即压力传感器时为p，温度传感器时为T）。在大多数情况下，测量仪器的工作电压是5V、12V、24V等直流电压，需要事先预备对应的转换电源（图7-30）。

硬件的选定与接线完成之后，接着需要准备程序，即进行程序的编写。在大多数情况下，程序语言使用C语言类，最近Visual C#等备受注目。而且，由于模拟量输入输出设备因仪器厂商的不同具有独自的函数，需要以C语言为基础融入独自的函数进行程序编写（图7-30）。

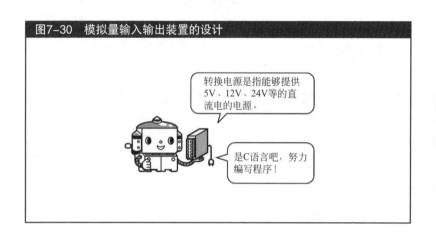

图7-30　模拟量输入输出装置的设计

第8章

巧妙的机械控制

　　为了使制造出来的机械能够按照预先设定的规律运行，需要对其进行控制。给机械输入运行指令信号，使其稳定地运行起来是件困难的事情。这一章，为了巧妙地控制机械运动，将学习机械控制工程的基础知识。

8.1 何为控制

（1）手动控制和自动控制

常用的控制（Control）的概念是"为了达到设定的运行目的，对机械或机械设备等进行的操作"，日本工业标准（JIS）对控制的定义是"为了实现某一计划目标而对控制对象所施加的操作"。如同以前所见到的一样，大多数的机械都是由开关或传感器输入的电信号来实现其动作的。并且，有简单模式的，如将开关按到设置ON的位置上，灯立即就亮的操作控制；也有复杂模式的，如多台电动机联动等多种形式的操作控制。

由人直接或间接操作开关进行的操作称为手动控制，使用计算机等自动进行的操作称为自动控制（图8-1）。如果开关是一个或两个，手动控制就能满足要求。但开关十个以上，并要求在0.1s的时间内进行准确的控制，就难以用手动操作来实现。因此，在提高工作速度和准确性方面上，自动控制具有重要的作用。

（2）控制的类型

① 顺序控制。

控制装置的作用就是将某种输入信号，经内部处理，变成适当形式的输出信号。输入信号装置有各种的开关和传感器，输出信号装置有灯的启闭和电动机的旋转等各种类型。

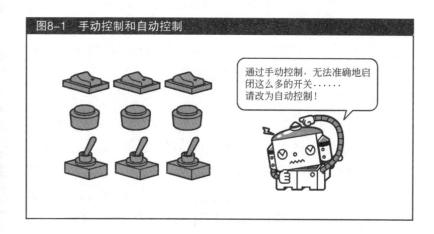

图8-1 手动控制和自动控制

顺序控制就是按照既定的顺序，对过程各阶段逐次进行的控制（图8-2）。这里，顺序（sequence）有连续和顺次的含义。

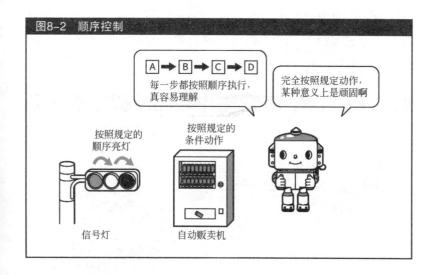

图8-2 顺序控制

例如，信号灯按照"绿→黄→红→绿……"这种既定的顺序完成灯的启闭动作，所进行的顺序控制。

还有，自动贩卖机也是按照"放入现金→按下需要的按键→出来需要的商品（饮料或车票等）"这一系列的动作完成工作的，所以说自动贩卖机的控制是顺序控制。

② 反馈控制。

反馈控制就是系统将与输入信号相对应的输出信号返送到输入端而形成反馈，通过反馈将被控量与目标值进行比较，利用两者的偏差量去纠正被控量的偏差所进行的控制。这里，为了得到系统的被控量，使用了各种传感器。另外，在反馈控制系统的类型中，有被控量保持不变的恒值控制系统与被控量的给定值跟随时间任意变化的随动控制系统。

利用空调来调解室温就是一种恒值控制系统的实例（图8-3）。当气温为35℃时，如果想将室温下降到28℃，仅仅是下达降低温度的命令，室温是达不到28℃的。空调是通过温度传感器测量温度，假如温度低于28℃，温度传感器就会发出上升温度的命令，使室温逐渐接近到目标温度。

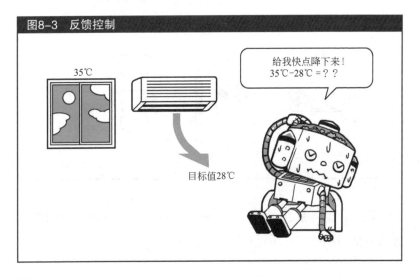

图8-3　反馈控制

　　与只有从输入端到输出端的信号单向通行的顺序控制相比，你可能会认为反馈控制在控制性能方面是更加良好的控制方式，但相对地控制系统变得复杂，难以掌控的情况增多。设备启动后，维护容易且忠实地执行给定指令的单纯操作的场合，选择顺序控制无疑是最佳的。实际上，工业设备的自动化生产流水线大多都采用顺序控制。

　　因此，不仅要比较控制技术方面的优点，还要鉴别采用哪种控制方式更适合这个系统。

　　另外，根据形成被控物理量的不同，反馈控制又分为伺服控制和过程控制等类型。

　　③ 伺服控制。

　　伺服控制是将物体的位置、方位、姿势等物理量作为被控量，并跟随给定值的任意变化而变化的控制系统（图8-4）。伺服装置用于飞机、机器人及机床等要求迅速精确控制的场合。

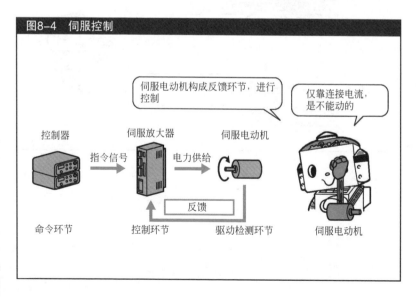

图8-4　伺服控制

伺服电动机构成反馈环节，进行控制

仅靠连接电流，是不能动的

控制器　　　　　伺服放大器　　　　伺服电动机

指令信号　　　　　电力供给

反馈

命令环节　　　　　控制环节　　　驱动检测环节　　　　伺服电动机

伺服控制系统由发出动作指令信号的命令环节、按照指令控制电动机等运动的控制环节、驱动控制对象运动的驱动环节和检测运动状态的检测环节组成。具体的伺服系统案例有：使用伺服电动机的电气伺服系统，利用高压空气或油的气动伺服系统或油压伺服系统等。

④ 过程控制。

过程控制是将温度、压力、流量、液位、pH值等物理量作为被控量的控制系统（图8-5），多用于以石油或炼铁为首的工业生产设备等。与伺服控制相比，过程控制由于包含化学反应等，比较适合漫长时间里的使用恒值控制的场合。

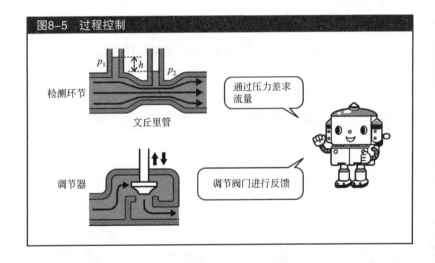

图8-5　过程控制

8.2 顺序控制

(1) 逻辑电路

顺序控制的控制规律具有逻辑关系。其基础是将各种逻辑关系进行组合，这种逻辑关系的组合可以用有逻辑运算功能的逻辑电路来实现。

① AND电路。

串联连接两个有输入触点的逻辑元件的AND电路，可以用表示其顺序控制的流程，如图8-6所示。通过这个梯形图，我们思考一下，为了将左端的输入电流输送到右端，中间部位需要哪些逻辑元件的组合。

在这种AND电路中，只有输入端的X001和X002两者同时为ON时，输出端的Y001才能成为ON。

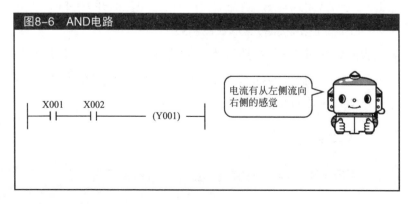

图8-6 AND电路

电流有从左侧流向右侧的感觉

② OR 电路。

并联连接两个有输入触点的逻辑元件的 OR 电路，其梯形图如图 8-7 所示。

在这种 OR 电路中，只要输入量的 X001 和 X002 两者中有一方为 ON 时，输出端的 Y001 就能成为 ON。

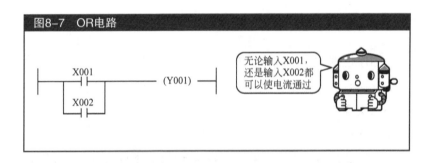

图8-7　OR电路

无论输入X001，还是输入X002都可以使电流通过

③ NOT 电路。

输入端的触点有两种类型：一是常开触点 a，当开关为 ON 时，电流接通为 ON，当开关为 OFF 时，电流断开为 OFF；二是与此相反的常闭触点 b，当开关为 ON 时，电流断开为 OFF，当开关为 OFF 时，电流接通为 ON（图8-8）。

图8-8　常开触点a与常闭触点b

常开触点a　　　常闭触点b

含有常闭触点 b 的电路称为 NOT 电路（图8-9），其作用是当输入为 ON，则输出为 OFF；或者输入为 OFF，则输出为 ON。就是说，NOT 电路有可以使输入反向的作用。

（2）自锁电路

由逻辑电路组合构成的自锁电路在顺序控制系统中有着重要

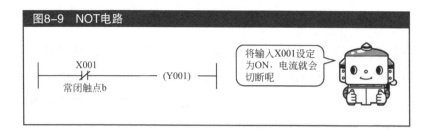

图8-9 NOT电路

X001
常闭触点b — (Y001) —

将输入X001设定为ON，电流就会切断呢

的作用。自锁电路是指利用继电器来控制触点的接通与断开，从而保持电流的接通与断开的电路（图8-10）。这里的M001是程序中假设使用的辅助继电器。

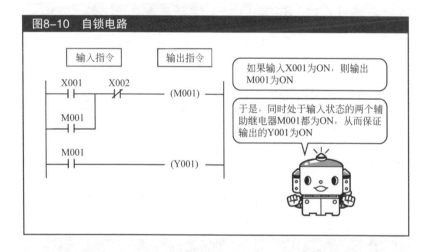

图8-10 自锁电路

输入指令　　输出指令

X001 X002
— ┤├ —┤／├— (M001) —

M001
— ┤├ —

M001
— ┤├ — (Y001) —

如果输入X001为ON，则输出M001为ON

于是，同时处于输入状态的两个辅助继电器M001都为ON，从而保证输出的Y001为ON

将自锁电路的动作展开如下。首先，常开触点X001为ON，从而辅助继电器M001为ON，于是输出Y001为ON。其次，即使输入X001断开，通往M001的电流也将持续不断。这就是自锁功能。还有，解除自锁只需将常闭触点X002改为ON。

自锁电路的发展使得顺序控制得到更加广泛的应用，一定要牢记并掌握。

（3）定时器

顺序控制的有趣之处在于按照一定的顺序进行控制。所以，可以使用定时器设定各自的动作执行的时间。首先，填写时间表（图8-11）。时间表内横轴表示时间，纵轴表示每个输入输出的ON或OFF状态。

其次，在时间表上用记号T表示定时，T后面的数字表示定时器的序号，序号后的K30意味着3s后定时器启动。通常，设K1=0.1s。

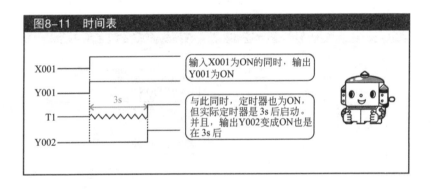

图8-11　时间表

X001

Y001

3s

T1

Y002

输入X001为ON的同时，输出Y001为ON

与此同时，定时器也为ON，但实际定时器是3s后启动。并且，输出Y002变成ON也是在3s后

填写好时间表后，将其内容转换为梯形图（图8-12）。

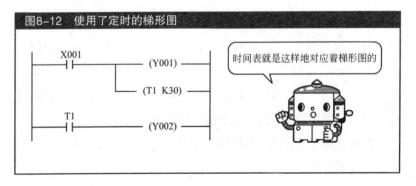

图8-12　使用了定时的梯形图

X001

（Y001）

（T1 K30）

T1

（Y002）

时间表就是这样地对应着梯形图的

（4）顺序控制的程序（编程）

问题：

请画出与输入X001为ON的同时输出Y001为ON，在5s后输出Y0021为ON，再5s后（10s后）输出Y0031为ON的梯形图。进而，要求改进为输出Y002为ON时输出Y001为OFF，输出Y003为ON时输出Y002为OFF。

解答如图8-13所示。

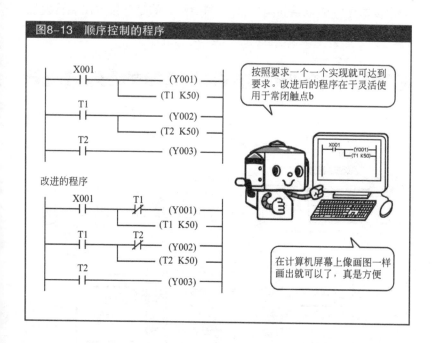

图8-13　顺序控制的程序

还有，顺序控制的梯形图与C语言的程序的形式是不同的。以前，需要将顺序控制的梯形图进一步转化为程序语言，不过现在，有了可以直接在计算机屏幕上制作梯形图的软件，顺序控制的梯形图制作起来是非常方便的。

（5）PLC

配置了继电器与定时器等，有着顺序控制功能的小型计算机被称为PLC（programmable logic controller）。PLC一般也被称为定序器（Sequencer），定序器是三菱电机的注册商标。

PLC有连接输入装置与输出装置的部位，PLC内部也有大量的继电器和定时器。PLC内部的电路制作能够用软件全部实现，只需将将输入端与开关或传感器连接，输出端与电动机等执行机构连接即可完成电路（图8-14）。需要注意的是连接输出装置使机械启动的电源需要另外准备，并将其组合到电路中。

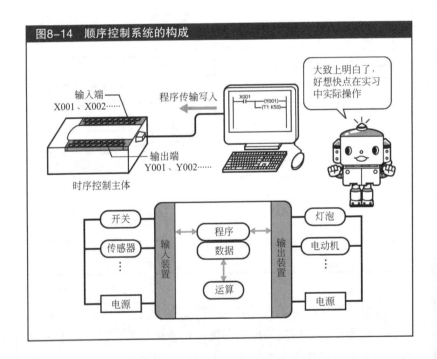

图8-14　顺序控制系统的构成

8.3 反馈控制

（1）传递函数与结构图

将系统的输入变量转换为输出变量的函数称为传递函数，这是经典控制理论的基本概念。其数学公式如下：

$$G(s) = \frac{Y(s)^*}{X(s)}$$

描述传递函数与输入、输出的相互关系，并标明信号流向的关系图称为结构图（图8-15）。

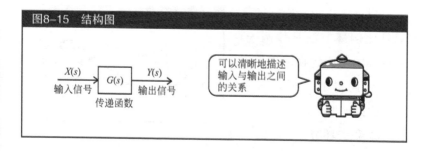

图8-15 结构图

$X(s)$ 输入信号　$G(s)$ 传递函数　$Y(s)$ 输出信号

可以清晰地描述输入与输出之间的关系

$\dfrac{Y(s)^*}{X(s)}$ 是将研究对象的元件或系统的输出函数 $y(t)$ 拉普拉斯变换与输入函数 $x(t)$ 拉普拉斯变换而得到的。

实际的控制系统由各种不同的元件组成，通过画出各元件的传递函数组合而成的结构图，就能够清晰、准确地展示整个系统的信号流向与传递关系。

虽然每个传递函数所具有的物理意义不同，但可以通过建立适当的数学模型统一地研究整体系统。

（2）典型环节的传递函数

① 比例环节。

比例环节是指输入信号 $x(t)$ 与输出信号 $y(t)$ 成正比的环节（图8-16），其数学方程为：

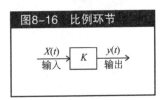

$$y(t)=Kx(t)$$

式中，K 是比例系数（图8-17）。

将式中的 $x(t)$ 与 $y(t)$ 分别做拉普拉斯变换，得到 $X(s)$ 和 $Y(s)$，则比例环节的传递函数 $G(s)$ 表示如下。

$$G(s) = \frac{Y(s)}{X(s)} = K$$

胡克定律和欧姆定律等都是比例环节的具体例子。像这样的不同的物理现象也可以用同样的传递函数表示，称为模拟（analogy）。

② 积分环节。

积分环节是指输入函数 $x(t)$ 对时间积分后的值与输出函数 $y(t)$ 成比例的环节（图8-18），其数学方程为：

$$y(t) = K \int x(t)\mathrm{d}t$$

式中，K 是比例系数。

将式中的 $x(t)$ 与 $y(t)$ 分别做拉普拉斯变换，得到 $X(s)$ 和 $Y(s)$，则积分环节的传递函数 $G(s)$ 表示如下。

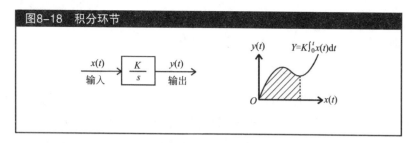

图8-18 积分环节

$$G(s) = \frac{Y(s)}{X(s)} = \frac{K}{s}$$

积分环节的实例中有：积水容器的流量 $x(t)$ 与总流入量 $Q(t)$ 之间的关系，流入油压缸的油流量 $x(t)$ 与总流入量 $Q(t)$ 之间的关系（图8-19），流入电容的电流 $i(t)$ 与电容电压 $e(t)$ 之间的关系等。

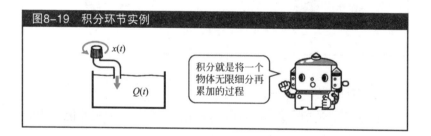

图8-19 积分环节实例

积分就是将一个物体无限细分再累加的过程

③ 微分环节。

微分环节是指输入函数 $x(t)$ 对时间微分后的值与输出函数 $y(t)$ 成比例的环节（图8-20），数学方程为：

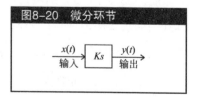

图8-20 微分环节

$$y(t) = K \frac{\mathrm{d}x(t)}{\mathrm{d}t}$$

式中，K 是比例系数。

将式中的 $x(t)$ 与 $y(t)$ 分别做拉普拉斯变换，得到 $X(s)$ 和 $Y(s)$，则微分环节的传递函数 $G(s)$ 表示如下。

$$G(s) = \frac{Y(s)}{X(s)} = Ks$$

微分环节的实例中有：缓冲器的位移变量 $x(t)$ 与阻尼力 $y(t)$ 之间的关系（图8-21），流入线圈的电流 $i(t)$ 与两端电压 $e(t)$ 之间的关系等。无论哪一个都是表示对时间的变化率，因此微分环节是用来克服被控对象的滞后并预先进行控制操作的。

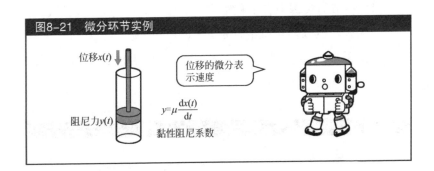

图8-21　微分环节实例

④ 惯性环节。

惯性环节是指输入函数 $x(t)$ 和输出函数 $y(t)$ 的关系能够用一阶线性微分方程表示的环节（图8-22）。

将 $x(t)$ 和 $y(t)$ 分别做拉普拉斯变换，得到 $X(s)$ 和 $Y(s)$，惯性环节的传递函数 $G(s)$ 能够表示如下。

$$G(s) = \frac{X(s)}{Y(s)} = \frac{1}{Ts+1}$$

式中，T 为时间常数。

作为惯性环节的实例，当以流量 $q(t)$ 向水槽里加水时，假设排水管的流出速度 $v(t)$ 与液面高

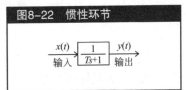

图8-22　惯性环节

度 $h(t)$ 成正比，与流出阻力 R 成反比，则流量 $q(t)$ 与流出速度 $v(t)$ 之间就是惯性关系。

⑤ 振荡环节。

振荡环节是指输入函数 x (t) 和输出函数 $y(t)$ 的关系能够用二阶线性微分方程表示的环节（图8-23）。传递函数表示如下。

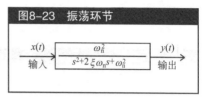

图8-23 振荡环节

$$G(s) = \frac{X(s)}{Y(s)} = \frac{\omega_n^2}{s^2 + 2\xi\omega_n s + \omega_n^2}$$

式中，ω_n 为系统的固有频率；ξ 为阻尼系数。

振荡环节的例子有：弹簧-质量-阻尼系统中的位移 $x(t)$ 与外力 $f(t)$ 之间的关系。

（3）结构图的等价变换与化简

对于结构复杂的控制系统，结构图中传递函数的数量也会增加，掌握输入信号和输出信号就变得十分困难了。于是，为了等效变换和化简复杂的结构图，非常简便的方法就是牢记典型的等效变换规律。

① 串联合并。

结构图中，串联连接的各环节可以合并，简化为各环节传递函数的乘积（图8-24）。

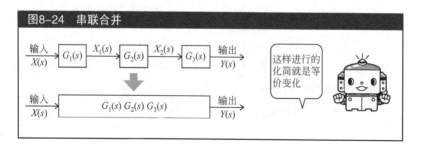

图8-24 串联合并

② 并联合并。

结构图中，并联连接的各环节合并，简化为各环节传递函数的代数和（图8-25）。

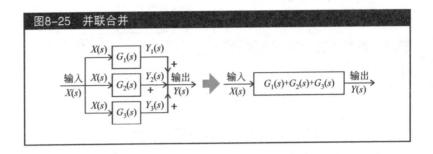

图8-25　并联合并

③ 反馈合并。

在有从输出端返回输入端的反馈连接的结构图中，可以考虑将反馈信号设为$H(s)$，输入信号设为$X(s) - H(s)Y(s)$（图8-26）。

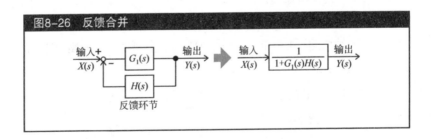

图8-26　反馈合并

证明：

$$Y(s) = G_1(s)[X(s) - H(s)Y(s)]$$
$$= G_1(s)X(s) - G_1(s)H(s)Y(s)$$

整理上式后，得到：

$$[1 + G_1(s)H(s)]Y(s) = G_1(s)X(s)$$

所以：

$$G(s) = \frac{X(s)}{Y(s)}$$

$$= \frac{G_1(s)}{1 + G_1(s)H(s)}$$

有点像数学计算，但是通过这一运算过程，控制系统变得简单了

另外，反馈合并的传递函数$H(s)=1$时，称为单位负反馈（图8-27），合并过程可用下公式表示。

$$G(s) = \frac{X(s)}{Y(s)} = \frac{G_1(s)}{1 + G_1(s)}$$

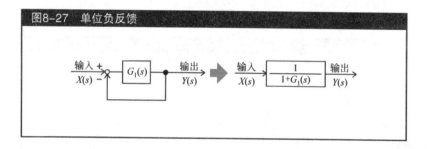

图8-27　单位负反馈

（4）控制系统的响应

从现在开始我们调查一下，当对用结构图表示的控制系统施加输入信号时，输出信号是其对输入信号的响应，即控制系统的响应特性。

控制系统的响应分为长时间不变化的稳定状态下的稳态响应，以及响应从一个稳定状态移向下一个稳定状态时的过渡状态下的瞬态响应（图8-28）。

① 瞬态响应。

控制系统中的输入信号所引发的响应大多都作为瞬态响应对待，典型的输入信号引起的响应有阶跃响应、单位阶跃响应、脉

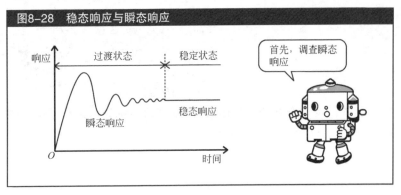

图8-28 稳态响应与瞬态响应

冲响应、速度响应等类型（图8-29）。

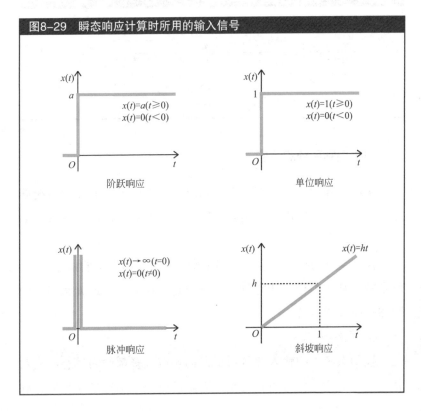

图8-29 瞬态响应计算时所用的输入信号

阶跃响应是在控制系统中输入阶梯状的信号时所引起的响应，具体的有开关置于ON时的瞬间电流和电压、将砝码放入天平时的瞬间质量变化等。另外，阶跃输入信号为单位阶跃信号时的响应称为指数响应（或单位阶跃响应）。

脉冲响应是在控制系统上施加瞬间作用的脉冲信号时所引起的响应，具体的有使用锤头敲打物体时产生的冲击力。

斜坡响应是在控制系统上施加具有一定速度的斜坡信号时所引起的响应，具体的有拧开水道阀门的时间与流量的关系。

若想调查实际的响应，只需将这些典型信号作为传递函数的输入信号$x(t)$输入系统，就能求解各自的响应波形。

② 频率响应。

频率响应是将正弦波作为输入信号施加给系统时所得到的稳态响应（图8-30）。这是施加输入信号之后，且经过充分的时间，当响应从瞬态状态过渡到稳定状态时，根据输入信号与输出信号的幅值和相位等获得系统动态特性的方法。

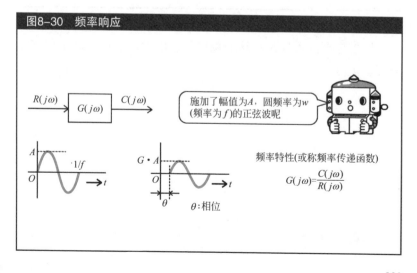

图8-30 频率响应

如图8-31所示频率响应的方法有波特图，波特图（或称对数频率特性图）由对数幅频特性图和对数相频特性图组成。对数幅频特性图的横轴表示圆频率，纵轴表示输出响应与输入信号的幅值比（增益）；对数相频特性图的横轴表示圆频率，纵轴表示输出响应与输入信号的相位差。

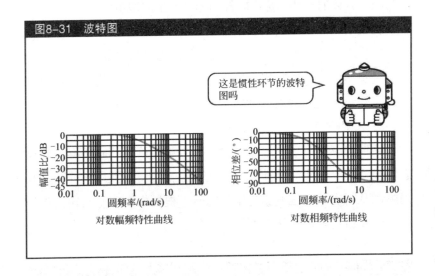

图8-31　波特图

　　如果想更深入地掌握这一领域，可以学习机械控制工程方面的有关知识。

后 记

有幸为想学习机械工程学的读者撰写了"走向机械世界的简易指南书",这本机械工程学的新书如何?

从"制造坚固的机械"开始,历经"机械运动机构""多样的机械制造方法""制造机械用的各种材料",这些内容都是机械制造的基础知识,所涉及的是机械设计、机械制造以及机械零件方面的知识。

学习到此,我们对所见的机械是如何被制造和运转的看法是否还没有改变呢?若是再学习了本书因篇幅关系而不得不舍弃的机械制图,那么,就能够掌握更多机械制造方面的技术以及提高自身的能力。

"工作在水或空气中的机械"涉及流体力学和流体机械技术方面的知识,"热工机械"涉及热力学和动力机械技术方面的知识。乍一看,也许不能感觉到它们(水、空气及热)同机械的联系,但是深入了解了我们身边存在的水、空气及热的物理性质后,就会明白它们在制造机械中的作用。即使人类制造出多么大功率的机械,它也对抗不了自然界所具有的巨大力量。相反,重要的是人类在制造机械时,需要认识自然界的规律,有效地利用自然界的巨大力量。在考虑到今后的能源利用和环境保护时,有效地利用风力发电和太阳能电池也将会成为越来越重要的一个发展领域。

机械控制主要涉及"机械用传感器与执行元件"和

"巧妙的控制机械"，这是机械工程控制学科方面的知识。为了使机械灵活地运动，我想今后机械工程应该与计算机技术相结合，这将是技术领域不断发展的趋势。这次虽然并没有将有关机器人方面的知识全面展开，但机械工程学正以机械控制为中心，与机器人学紧密结合。

机械工程涉及到如此广泛的知识，而实际中具体是怎么制造机械的呢？正因为机械受到诸多领域各因素的联合影响，实在难以具体明确地划分其领域范围。不过，我想在广泛的技术领域中，每个人都会有自己擅长的领域和不擅长的领域，作为推荐的机械工程学的学习方法，首先是广泛地、浅层次地学习基础知识，然后在自己擅长的领域里延伸学习。

还有，大家都知道即使读了再多的菜谱的书，如果不实际动手试着做，永远都做不出好菜。同样的道理，即使你读了再多的机械方面的书，如果不在机械制造中动手试一试的话，就掌握不了机械工程学。最开始的动手实践，先采用简单能动的模型参考也没关系，但自己要在头脑中思考机构的运动机理，自己动手加工机械零件，自己动手组装机械，试着使机械运动！我想大家会在这个过程中有所发现，会越来越切实地感到机械工程学的趣味和深奥，通过对机械的反复试制工作，一步步开拓出自身的机械世界。

门田和雄